Next.js
超入門

Tuyano SYODA
掌田津耶乃 著

秀和システム

サンプルのダウンロードについて

サンプルファイルは秀和システムのWebページからダウンロードできます。

●サンプル・ダウンロードページURL

http://www.shuwasystem.co.jp/support/7980html/7129.html

ページにアクセスしたら、下記のダウンロードボタンをクリックしてください。ダウンロードが始まります。

はじめに

　Webの進化は、「サーバー」から「フロントエンド」への移行の歴史といえます。その昔、Webアプリといえば「フロントエンドであるWebページからフォーム送信し、サーバー側で必要な処理を行って再びページを表示する」という方式でした。

　それを「フロントエンドですべてを行う」という形に進化させたのが「React」でした。Reactの登場により、それまでの「クライアントとサーバーの間を行ったり来たりするぎこちないWebページ」から「常になめらかに変化するダイナミックなWebページ」へとWebは進化したのです。しかし、Webページにやたら多くの処理を詰め込みすぎると、Webページそのものが重くなってしまいます。またWebアプリが高度化するほど、サーバー側で複雑な処理を行わなければならない必要性も高まります。しかしフロントエンドフレームワークであるReactは、サーバー側の処理については無力でした。

　Reactのパワーをフルに活かしつつ、サーバー側でも高度な処理をしたい。そして両者を融合し、Reactのようにシームレスでダイナミックに動くWebアプリを作りたい。

　こうしたReact開発者のワガママともいえる要望を実現してしまったのが「Next.js」です。

　Next.jsは、フロントエンドからバックエンド（サーバー）まですべてをひとまとめにして開発するフレームワークです。フロントエンドにはReactが標準で採用されており、React利用者がスムーズに移行できるようになっています。またサーバー側の処理も、APIとして機能を提供したり、サーバー側で動くコンポーネントを作ったりと柔軟な開発が行えます。更には開発元のVercelは、Next.jsのアプリをデプロイし公開するクラウドサービスも運営しており、開発から公開まで一貫して行えるようになっています。

　このNext.jsを初歩から解説する入門書として本書を執筆しました。React.jsは、アプリ全体を制御するルーティング方式が、それまでの基本だったPagesルーターに加えてAppルーターという新方式が導入され、それぞれで異なる実装を行う必要があります。複雑化したNext.jsの機能を、それぞれのルーティング方式ごとにまとめ、極力わかりやすく説明しています。また外部サイトとの連携の例として、昨年より話題のOpenAI（ChatGPTの開発元）が提供する生成AIモデルの利用についても詳しく説明しています。

　「Reactを使って本格的にWebアプリ開発をしたい」と考えているなら、ぜひNext.jsにも目を向けてください。「Reactを中心としたクライアント＝サーバー統合開発」という新たな世界があなたを待っていますよ。

2024.1　掌田津耶乃

Contents

目 次

Chapter 1
Chapter 2
Chapter 3
Chapter 4
Chapter 5
Chapter 6
Chapter 7
Chapter 8
Addendum

4

Chapter 1
Chapter 2
Chapter 3
Chapter 4
Chapter 5
Chapter 6
Chapter 7
Chapter 8
Addendum

Chapter
1

Chapter
2

Chapter
3

Chapter
4

Chapter
5

Chapter
6

Chapter
7

Chapter
8

Addendum

Chapter 1
Chapter 2
Chapter 3
Chapter 4
Chapter 5
Chapter 6
Chapter 7
Chapter 8
Addendum

Chapter 1
Chapter 2
Chapter 3
Chapter 4
Chapter 5
Chapter 6
Chapter 7
Chapter 8
Addendum

8

TypeScript超入門
Addendum

335

Chapter
1

Chapter
2

Chapter
3

Chapter
4

Chapter
5

Chapter
6

Chapter
7

Chapter
8

Addendum

Next.jsの基礎知識

Next.jsは、Reactをベースにして作成されているWebアプリケーションフレームワークです。まずはNext.jsがどんなものか知るために、ReactとNext.jsのプロジェクトを作成してみましょう。そして両者に共通するもの、違っているものについて考えていきましょう。

ポイント

▶ Next.jsとReactの関係を理解しましょう。
▶ ReactとNext.jsのプロジェクトを作り、実行しましょう。
▶ ReactとNext.jsの内容がどう違うのか見てみましょう。

Next.jsを準備する

Chapter 1
Chapter 2
Chapter 3
Chapter 4
Chapter 5
Chapter 6
Chapter 7
Chapter 8
Addendum

NEXT. フロントエンド開発の進化　　　　NEXT.

　Webの進化は、プログラムの進化の歴史とも言えます。そしてそれは、「バックエンドの進化」から「フロントエンドの進化」への移行の歴史といってもいいでしょう。

　その昔、本格的なWebサイトといえば「サーバー側にプログラムを設置して動かすもの」でした。Webアプリケーションの開発は、基本的に「サーバー側でどのように高度な処理を実装していくか」が重要であり、フロントエンド(Webページに表示される側)は、「あらかじめHTMLで書いたテンプレートを用意しておいてそれをレンダリングし表示するだけ」というのが一般的でした。

　しかし、こうしたサーバー側ですべて処理するやり方は、常に「サーバーに送信し、結果を受け取って表示する」という形で動かす必要があります。いちいちサーバーに送信してまた結果表示のページを受け取るやり方は、応答が返ってくるまで待たなければいけませんし、ダイナミックな動きにも対応できません。

　「サーバーで動かす」というやり方に限界が見えてきた頃、Webの新たな変化が始まります。

バックエンドからフロントエンドへ

　その1つは、「バックエンドからフロントエンドへ」という変化です。Webが進化していくに連れ、こうした「サーバー頼み」の方式ではなく、「Webページ側で何とかしていく」という方式が注目されるようになりました。

　例えば、Googleマップを思い浮かべてください。あのWebアプリは、最初にアクセスしたら、もう「サーバーに送信して次のページを受け取る」といったことはほとんどしません。マウスでマップを動かしたりクリックしてショップの情報を表示したりする処理も、すべてその場で実行され動いています。これは、Webページ側でこうした操作のための処理が実装されているからです。

　Webページでは、JavaScriptを使いその場でスクリプトを実行することができます。

Googleマップのようにリアルタイムに変化していくアプリは、この機能をフル活用して作成されているのです。

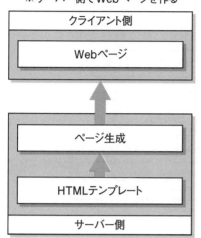
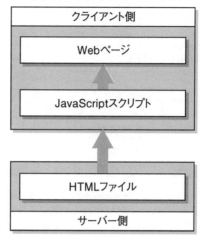

図 1-1 Webは、サーバー側ですべて作成する方式から、クライアント側で作成する方式に変わりつつある

ライブラリからフレームワークへ

しかし、こうしたフロントエンドでリアルタイムに表示を操作していくような処理は非常に複雑であり、なかなか簡単には作れないでしょう。JavaScriptの世界では、以前からさまざまな機能を便利にまとめたライブラリが使われていました。それがフロントエンドの重要性が高まるにつれ、更に進化していきます。

現在、フロントエンドの世界で広く利用されているのは「フレームワーク」と呼ばれるプログラムです。フレームワークは、ライブラリと同様にさまざまな機能を実装していますが、最大の違いは「システムを持っている」という点です。

それまでのライブラリは、さまざまな機能がズラッと並んでいるだけで、それをプログラムの中でどう利用するかはすべてプログラマの腕にかかっていました。しかしフレームワークは、Webアプリの基本的な仕組みそのものが組み込まれており、「こういうときには、ここにこういう処理を作成する」という実装方法が決まっています。プログラマはフレームワークの指示に従い、指定された場所に決まった形でプログラムを作成していけば、それだけでアプリ全体のシステムが完成するのです。

フレームワークは、主にバックエンド（サーバー側）の世界でそれ以前から使われていましたが、それがフロントエンドの世界でも使われるようになっていったのです。

Chapter 1
Chapter 2
Chapter 3
Chapter 4
Chapter 5
Chapter 6
Chapter 7
Chapter 8
Addendum

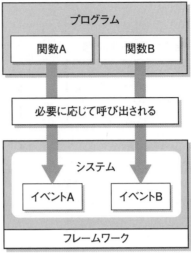

※ライブラリ　　　　　　　　　　　　　※フレームワーク

図 **1-2** ライブラリはプログラム内から必要に応じて呼び出す。フレームワークは内部にシステムを持ち、その中から必要に応じてプログラムが呼び出される

JavaScriptからTypeScriptへ

　こうしたフロントエンドのコーディングの仕方とは別に、もっと根本的な部分での変化も起こっています。それは「JavaScriptからの脱却」です。

　Webブラウザの中で動く言語はJavaScriptだけです。しかし、JavaScriptは使いやすい言語ですが、欠点もいろいろとあります。そこで、こうした欠点を克服し、更に使いやすくパワフルな言語がWebのフロントエンド開発で使われるようになり始めたのです。それが「TypeScript」です。

　TypeScriptは、Microsoftが開発するオープンソースのスクリプト言語です。これは、一般に「トランスコンパイラ言語」と呼ばれるものです。プログラマは、TypeScriptでプログラムを作成し、それをトランスコンパイル（他言語のコードに翻訳）してJavaScriptのコードに変換するのです。この方式なら、JavaScriptしか動かないWebブラウザの開発でもTypeScriptを使って行えるようになります。

Reactの登場

　こうしたWebアプリ開発に変化をもたらした最大の要因は、「Reactの登場」でしょう。Reactは、Meta（旧Facebook）が開発するオープンソースのフロントエンドフレームワークです。このReactは以下のURLで公開されています。

https://ja.react.dev/

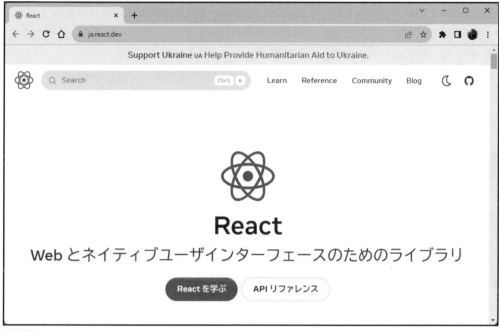

Chapter 1
Chapter 2
Chapter 3
Chapter 4
Chapter 5
Chapter 6
Chapter 7
Chapter 8
Addendum

図 1-3 ReactのWebサイト

　Reactはフレームワークというだけあって、それまでのライブラリなどにはない機能をいろいろと搭載していました。Reactの特徴を整理してみましょう。

仮想DOM

　JavaScriptでWebページを操作するとき、最大のネックとなるのが「速度の遅さ」です。Webページでは、HTMLの要素にJavaScriptからアクセスするための「DOM（Document Object Model）」という仕組みを持っています。このDOMを利用してJavaScriptからHTMLの要素を操作できるようになっているのですね。しかしDOMを操作するとその度にWebページが書き換えられるため、多数の表示を更新するとWebページの表示や動作に影響が出てしまいます。

　Reactではこの問題を解消するため、「仮想DOM」という仕組みを導入しました。仮想DOMは、メモリ内だけに存在する見えないDOMです。Reactは、まず仮想DOMでWebページの表示を操作していき、すべての変更が完了したところで仮想DOMをWebページに適用して更新します。これにより、表示の更新が1度だけで済むようになり、スピーディな更新が行えるようになります。

コンポーネントとJSX

Reactでは、UIをコンポーネントとして定義して組み込みます。複雑な表示なども、細かな部品をコンポーネントとして定義して組み込んでいけるため、非常にわかりやすくUIの再利用や応用がしやすくなっています。

またReactでは「JSX」という機能を採用しており、HTMLのタグをJavaScriptのコード内に記述してコンポーネントのUIを作成できます。このJSXによりコンポーネントの定義も格段に行いやすくなっています。

宣言型コーディング

Reactのコンポーネントは「宣言型」と呼ばれる形で作成されます。従来のプログラミング言語などでは、部品を作成する場合も「オブジェクトを作成し、必要なプロパティを設定する」というような形でコードを記述していくのが一般的でした。

宣言型では、コンポーネントの内容をその構造そのままに記述していきます。構造を記述する段階で必要な設定情報なども用意しておくため、作成後にプロパティを設定するなどの作業をする必要がありません。コンポーネントの構造を書けば、それがそのまま動くわけで、宣言型によるコンポーネント作成は非常にわかりやすく作りやすいのです。

ReactからNext.jsへ

Reactは非常に強力なフレームワークですが、あくまで「フロントエンドのフレームワーク」であり、サポートされるのはWebページ内でできることだけです。本格的なWebアプリを開発する場合、これだけでは十分ではありません。やはりバックエンド（サーバー側）で必要なこともいろいろとあります。例えばデータベース関連の処理やユーザー認証の実装などは、バックエンド側の実装なしには難しいでしょう。

また、すべてをフロントエンドでJavaScriptのコードとして実装していくため、従来のWebページとはかなり違う作りになります。このため、例えば処理が複雑化してくると動作が遅くなったり、またページの大半をスクリプトで生成するため検索エンジンなどでもコンテンツが読まれにくくなることもあります。

Reactは確かにとてもよくできたフレームワークですが、ReactだけでWebアプリが作れるわけではありません。ReactができるのはUI関係だけであり、その背後で動いている処理は別に作らないといけないのです。これはこれで大変です。

そこで、このように考えるところが現れたのです。「フロントエンドにReactを使い、バックエンドまですべて一体化して開発できるフレームワークを作ろう」と。バックエンドからフロントエンドまですべてまとめて1つのWebアプリとして開発できるようなフレームワー

ク。その中には、もちろんUIにReactが使われています。Reactをベースに、バックエンドの処理まですべて融合して開発できるような環境を整えようというわけです。

このような考えのもとに登場したのが「Next.js」なのです。

Next.jsとは？

Next.jsは、Vercelという会社によって開発されたオープンソースのフレームワークです。オープンソースですが、Next.jsはVercelの製品の一部として開発がされており、安定的なアップデートとサポートが行われています。

このNext.jsは以下のURLで公開されています。

```
https://nextjs.org/
```

では、Next.jsとは、どういうものなのでしょうか。簡単に特徴をまとめてみましょう。

●TypeScriptに対応

Next.jsは標準でTypeScriptに対応しています。TypeScriptはJavaScriptに厳格な型システムを導入したもので、値を正確に扱うのに適しています。TypeScript自体はJavaScriptの拡張版といったものであるため、JavaScriptがわかれば比較的簡単に使うことができます。

●サーバーサイドレンダリング

Reactはすべてをフロントエンド側で処理するため、ページ内の構造も複雑になり、わかりにくいコードになりがちでした。Next.jsではサーバー側でページをあらかじめレンダリングして表示させることができます。Reactベースでありながら、従来のような静的なページを作成することも可能です。

●ルーティング機能

Reactは表示されたページ内でスクリプトを実行し処理を行うため、1ページで完結するようなWebアプリに向いています。反面、たくさんのページを持つような構造では導入しにくいところがありました。

Next.jsはルーティング機能を持っており、複数ページを用意してページ移動するようなページを作成することが可能です。複数ページを作成しても内部的には1つのページにまとめられており、Reactの利点を失いません。

●Web API

Next.jsでは、Web APIを簡単に作成することができます。これにより、クライアント側

Chapter 1
Chapter 2
Chapter 3
Chapter 4
Chapter 5
Chapter 6
Chapter 7
Chapter 8
Addendum

とサーバー側をAPI経由で融合させることが簡単にできるようになります。またRESTなどによる公開APIの作成にも使えます。

●デプロイ環境の整備

これはNext.js自体の機能ではありませんが、開発元のVercelはNext.jsアプリをデプロイできるクラウド環境を提供しており、作成したアプリをすぐにデプロイして公開することができます。

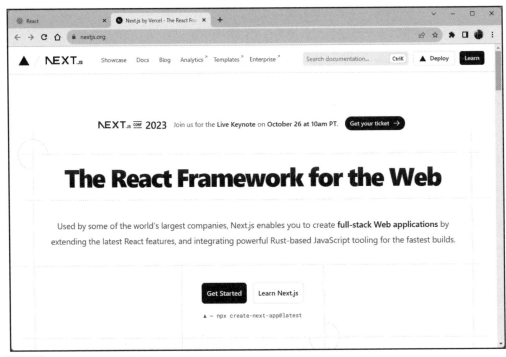

図 1-4 Next.jsのWebサイト

React開発とNext.js開発

Next.jsは、Reactをベースにして作られたフレームワークであり、Reactとは切っても切れない関係にあります。Next.jsを利用するには、当然ながらReactについても一通りの知識が必要となります。したがって、まずはReactによる開発とNext.jsによる開発がどのようなものか、簡単に整理しておきましょう。

Node.js/npm を利用

　どちらも、開発にはNode.jsを使います。Node.jsというのは、JavaScriptのランタイムエンジンです。JavaScriptのスクリプトをその場で実行することができるため、特にサーバー側の開発などに広く利用されています。

　Next.jsはサーバー側まで含むフレームワークですからNode.jsを利用することは納得でしょう。しかし、フロントエンドだけのフレームワークであるReactまでNode.jsを利用しているのは奇妙に感じるかもしれません。

　正確にいえば、ReactはNode.js本体ではなく、Node.jsが提供するパッケージ管理ツール「npm」を利用しているのです。npmは、JavaScriptのさまざまなライブラリやフレームワークを管理するツールです。JavaScriptを利用したアプリケーション開発の基盤ともいえるもので、多くのJavaScript関連プログラムがnpmベースで提供されているのです。

　Reactも、開発にはnpmを使ってプロジェクトを作成して作業するのが基本といえます。したがって、これらの開発にはまずNode.jsを用意しておくべきでしょう。このNode.jsは以下のURLで公開されています。開発作業に入る前に、Node.jsをインストールしておきましょう。

https://nodejs.org

図 1-5 Node.jsのWebサイト

コマンドでプロジェクトを作成

　React も Next.js も、Node.js に用意されている npm や npx といったコマンドを使い、プロジェクトを作成して開発を行います。プロジェクトというのは、アプリケーションに必要となるファイルやライブラリ、設定情報などをまとめたものです。

　最近のアプリケーション開発はさまざまなライブラリなどを組み合わせて行うことが多いため、こうしたプロジェクトを使って開発を行います。どちらもプロジェクトを作って必要なファイルを編集していくという開発スタイルはほぼ同じです。

開発ツールは必須？

　どちらの開発においても、開発ツールは必要と考えましょう。React も Next.js も、開発はプロジェクトを作成して行います。プロジェクトには多数のファイルが用意されており、それらを必要に応じて編集しながら作業していきます。このため、一般的なテキストエディタで開発を行うのはかなり大変です。

　現在では、無料で配布されているオープンソースの開発環境がいろいろとあります。本書では、Microsoft が開発している「Visual Studio Code」という開発ツールを利用します。これは、ローカル版と Web 版があり、ローカル版は PC にインストールして利用しますが、Web 版はブラウザからアクセスするだけで利用することができます。本書では、インストール不要な Web 版をベースに説明していくことにします。

図 1-6 Visual Studio Code の Web 版

Section 1-2 Reactアプリケーションの開発

NEXT Reactプロジェクトの作成

Next.jsの開発について理解するためには、まず「Reactの開発」についても知っておく必要があります。実際にReactのプロジェクトを作成し、Reactの開発がどのようなものか簡単に知っておくことにしましょう。

では、プロジェクトを作成しましょう。Reactプロジェクトは、コマンドを使って作成します。ターミナル(あるいは、コマンドプロンプト)を起動し、「cd Desktop」コマンドでデスクトップに移動をしてください(Windows 11では、デスクトップがOneDriveに設定されていると「cd デスクトップ」と日本語で実行しないと移動できない場合もあります。注意しましょう)。

デスクトップに移動したら、以下のコマンドを実行してください。

```
npx create-react-app sample_react_app
```

```
Success! Created sample_react_app at C:\Users\tuyan\Desktop\sample_react_app
Inside that directory, you can run several commands:

  npm start
    Starts the development server.

  npm run build
    Bundles the app into static files for production.

  npm test
    Starts the test runner.

  npm run eject
    Removes this tool and copies build dependencies, configuration files
    and scripts into the app directory. If you do this, you can't go back!

We suggest that you begin by typing:

  cd sample_react_app
  npm start

Happy hacking!
PS C:\Users\tuyan\Desktop> |
```

図 1-7　npx create-react-app コマンドでプロジェクトを作成する

　これでデスクトップに「sample_react_app」という名前のフォルダーが作成されます。これが、プロジェクトのフォルダーです。これを開くと、この中に多数のファイルやフォルダーが作成されているのがわかります。

　なお、コマンドを実行したターミナルは、起動したままにしておいてください。後ほど使います。

図 1-8　プロジェクトフォルダーの中身。フォルダー内に多数のファイルが作成されている

npxコマンドについて

　ここで使った「npx」というコマンドは、Node.jsに用意されているコマンドプログラムです。これは、パッケージを実行するための専用コマンドです。

　ここでは、「create-react-app」というパッケージ（プログラムをまとめたもの。アプリのようなものと考えていいです）を実行しています。これがReactのアプリケーションプロジェクトを作成するパッケージなのです。これは以下のように実行します。

```
npx create-react-app プロジェクト名
```

　これで、その場にプロジェクト名のフォルダーが作られ、そこにファイルが保存されていきます。

　通常、create-react-appを実行するには、まずnpmを使ってcreate-react-appパッケージをインストールし、それからnpmコマンドで実行をします。Node.jsでは、さまざまなプログラムがパッケージとして流通しており、それらを使う際はnpmコマンドでローカル環境にインストールをしてから実行する必要がありました。

　npxは、こうした手間を省き、「インストールしなくてもパッケージを実行できる」ようにします。npx create-react-appを実行すると、npxはまずcreate-react-appパッケージをその場で一時的にダウンロードし、実行するのです。実行後は、ダウンロードしたcreate-react-appはクリアされ残りません。

　実行する度に必要なパッケージをその場でダウンロードするため、npmコマンドより時間がかかりますが、しかしローカル環境にいちいちパッケージをインストールしないで済むため、最近ではこのnpxを使ってパッケージを実行するのが一般的となりつつあります。

NEXT Visual Studio Code for the Webを使う

　では、作成したプロジェクトをVisual Studio Codeで開いて編集しましょう。Webブラウザから以下のURLにアクセスしてください。

```
https://vscode.dev/
```

図 1-9 Visual Studio Code for webにアクセスする

アクセスすると、Visual Studio Codeの画面が現れます。このVisual Studio Codeは、大きく3つの部分で構成されています。

左端のアイコンバー	その右側のエリアに表示する内容を切り替えるものです。使いたいツールのアイコンをクリックすると、その右側にツールが表示されます。デフォルトでは、ファイルを管理する「エクスプローラー」というものが選択されています。
ビューのエリア	アイコンバーの右側には、アイコンバーで選択したツールが表示されます。これらツールは「ビュー」と呼ばれます。デフォルトでは「エクスプローラー」というビューがここに表示されています。
編集エリア	残るエリア（ビューのエリアの右側すべて）は、ファイルを開いて編集するためのものです。エクスプローラーでファイルを開くと、ここにエディタが開かれ編集できるようになります。同時に複数のファイルを開いて編集することができ、上部に表示されるタブを使って表示を切り替えながら作業していきます。

コラム NEXT. ダークテーマはイヤ！ Column

　アクセスすると、黒い背景に白い文字のダークテーマで表示されているはずです。これはこれで見やすいと思いますが、中には「白い背景のライトテーマの方がいい」という人もいるでしょう。

　テーマの切り替えは、アイコンバーの下部にある「管理」アイコン（歯車のアイコン）で行えます。アイコンをクリックし、現れたメニューから「テーマ」内にある「配色テーマ」を選んでください。画面上部に、利用可能なテーマの一覧がプルダウン表示されます。ここから使いたいテーマを選択すると、そのテーマに変わります。

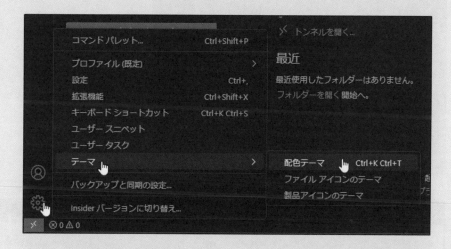

図 1-10 「配色テーマ」メニューを選び、使いたいテーマを選択する

プロジェクトを開く

では、作成したプロジェクトを開いてみましょう。Visual Studio Codeには「フォルダーを開く」という機能があります。フォルダーを開くと、そのフォルダー内のすべてのファイルがエクスプローラーに表示され、いつでも開いて編集できるようになるのです。

では、先ほど作成した「sample_react_app」プロジェクトのフォルダーを開いてみましょう。エクスプローラーにある「フォルダーを開く」というボタンをクリックし、現れたファイルダイアログから「sample_react_app」フォルダーを選択し開いてみてください。

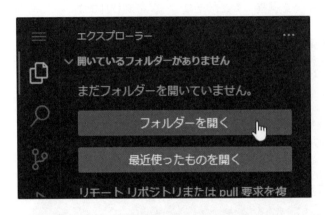

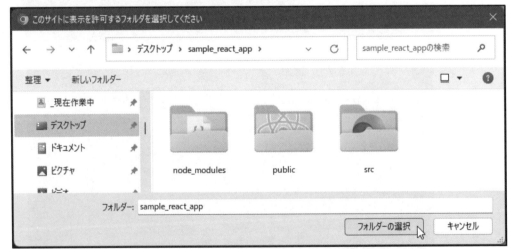

図 1-11 「フォルダーを開く」ボタンをクリックし、プロジェクトのフォルダーを選択する

画面上部に「サイトにファイルの読み取りを許可しますか?」というアラートが表示されます。そのまま「ファイルを表示する」ボタンをクリックしてください。アラートが消え、続いて画面中央に「このフォルダー内のファイルの作成者を信頼しますか」という確認が現れます。そのまま「はい」を選択してください。これで選択したフォルダー内のファイル類がエクスプローラーに表示されるようになります。

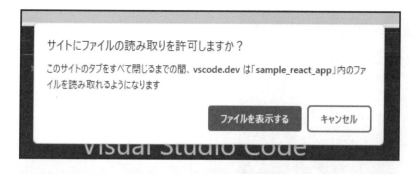

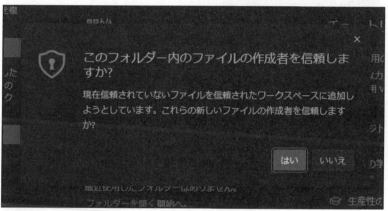

図 1-12 アラートが現れたらデフォルトボタンを選択していく

エクスプローラーで確認する

　フォルダーを開くと、エクスプローラー内に開いたフォルダーの内容が表示されるように
なります。内部にあるフォルダーは、左端に「>」アイコンが付けられ、クリックすると更に
その中身を展開表示します。

　エクスプローラーに表示されているファイルやフォルダーは、ドラッグして他の場所に移
動することができます。また「ワークスペース」というところに表示されているアイコンを
使って、新しいファイルやフォルダーを作成することもできます。

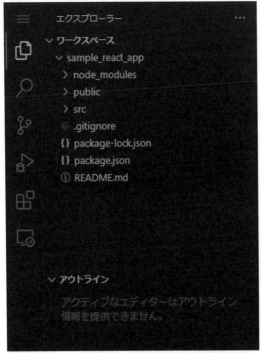

図 1-13 エクスプローラーに「sample_react_app」フォルダーの中身が表示される

ファイルを開く

　では、エクスプローラーからファイルを開いてみましょう。「sample_react_app」フォルダー内にある「src」というフォルダーを開くと、その中に多数のファイルが作成されています。そこから「App.js」というものをクリックして開いてください。右側のエリアに専用のテキストエディタを使ってファイルが開かれます。

　エディタでは左端に行番号が表示され、各行の位置がわかりやすいようになっています。ソースコードはその役割（言語のキーワードや各種の値など）ごとに色分け表示されます。また構文ごとに内容を折りたたみ表示したり、コードを入力するときに候補となる名前をポップアップ表示するなど、入力を支援するための機能もいろいろと組み込まれています。

図 1-14 エクスプローラーからApp.jsを開くと、専用エディタでファイルが開かれる

プロジェクトを実行する

では、作成されたプロジェクトを実行してみましょう。これは、npmコマンドを使います。先に開いておいたターミナルに表示を切り替えてください。そしてcdコマンドを使い、作成したプロジェクトのフォルダー内に表示を移動します。

```
cd sample_react_app
```

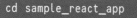

図 1-15 cdコマンドでプロジェクトフォルダー内に移動する

続いて、コマンドを実行します。以下のコマンドを実行してください。

```
npm start
```

これは、プロジェクトをビルドし、Node.jsを利用してWebアプリとして実行するものです。これを実行するとWebブラウザが開かれ、以下のURLにアクセスをします。

```
http://localhost:3000/
```

これでReactアプリのデフォルトページが表示されます。Reactのロゴが表示され、ゆっくりと回転していくのがわかるでしょう。

動作がわかったら、ターミナルでCtrlキー＋「C」キーを押してプロジェクトの実行を中断してください。

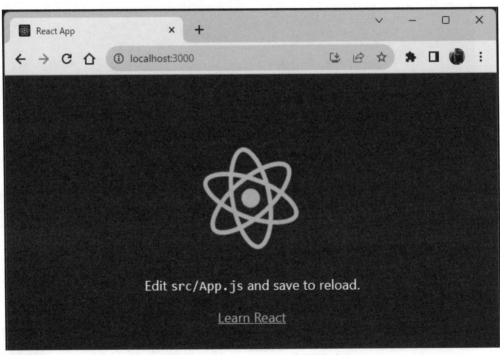

図 1-16 実行したReactアプリの画面。Reactのロゴがゆっくり回転する

Reactアプリケーションの構成

Reactアプリを実行して動作確認できたところで、Reactのアプリケーションがどのようになっているのか、その中身について簡単に説明をしましょう。

まずプロジェクトの中身ですが、ここには3つのフォルダーが用意されています。

「node_modules」フォルダー	プロジェクトから参照するパッケージ類がまとめて保存されています。「アプリで使うライブラリ類」と考えればいいでしょう。
「public」フォルダー	公開されるファイルです。index.htmlやロゴのイメージファイルなどがまとめてあります。
「src」フォルダー	Reactのプログラムがまとめられているところです。

　このうち、「node_modules」フォルダーは、npmのプロジェクトであれば必ず用意されるものであり、Reactのためのものというわけではありません。また中身を直接操作することもないので、「npmのプロジェクトではこういうのが必ず作られる」とだけ理解しておけばいいでしょう。中身を知る必要はほとんどありません。

　「public」フォルダーは公開ファイルがあるところで、Webページとして公開されるindex.htmlもここにあります。このindex.htmlで表示されるWebページにReactの表示が組み込まれているわけです。そして肝心のReactのプログラムは「src」にまとめられているのです。

index.htmlについて

　では、index.htmlから見ていきましょう。これがWebページのファイルになります。このファイルで用意されるWebページにReactのコンポーネントが組み込まれます。このindex.htmlの内容を見ると、以下のようになっていることがわかります。

リスト1-1

```
<!DOCTYPE html>
<html lang="en">
  <head>
    <meta charset="utf-8" />
    ……略……
    <title>React App</title>
  </head>
  <body>
    <noscript>You need to enable JavaScript to run this app.</noscript>
    <div id="root"></div>
  </body>
</html>
```

　コメント類はすべて省略してあります。<body>に<div id="root">というHTML要素があるだけの非常にシンプルなものですね。このid="root"のHTML要素に、Reactのコンポーネントが組み込まれるようになっています。

Chapter 1
Chapter 2
Chapter 3
Chapter 4
Chapter 5
Chapter 6
Chapter 7
Chapter 8
Addendum

index.js について

では、この<div id="root">にReactコンポーネントを組み込む処理はどこで行っているのでしょうか。これは、「src」フォルダーの「index.js」で行っているのです。ここには以下のようなコードが記述されています。

リスト1-2

```
import React from 'react'
import ReactDOM from 'react-dom/client'
import './index.css'
import App from './App'
import reportWebVitals from './reportWebVitals'

const root = ReactDOM.createRoot(document.getElementById('root'))
root.render(
  <React.StrictMode>
    <App />
  </React.StrictMode>
)

reportWebVitals()
```

ちょっと見たことのないようなオブジェクトやメソッドばかりで、何をやっているのかよくわからないかもしれません。簡単に説明をしていきましょう。

import文について

まず、冒頭にズラッと「import ○○」と書かれた文が並んでいますね。これらの文は「必要なモジュールやファイルなどを読み込むためのもの」と思ってください。

Reactなどのフロントエンドフレームワークでは、あるコンポーネントから別のコンポーネントを読み込んで使ったりすることがよくあります。そういうとき、このimport文が使われます。import ○○という形でファイルなどを指定することで、そのファイルにある関数やオブジェクトをインポートし、使えるようにしているのです。

ReactDOMの作成

ここで最初に行っているのは、「ReactDOM」というオブジェクトの作成です。これは以下のように行っています。

```
const root = ReactDOM.createRoot(document.getElementById('root'))
```

　このReactDOMというオブジェクトは、Reactに用意されている「仮想DOM」と呼ばれるものを扱うために用意されています。仮想DOMは、メモリ内にのみ存在する仮のDOMです。

　JavaScriptでは、DOMを使ってWebページの表示を操作します。しかしReactでは、まず仮想DOMを使って表示の操作を行い、すべての操作が完了したところで仮想DOMの内容を実際のDOMに反映するようになっています。こうした操作を行うのが、ReactDOMなのです。

　ここでは「createRoot」というメソッドを呼び出していますね。これは、引数に指定したエレメントをルートとするReactDOMオブジェクトを作成するものです。これにより、引数で指定したエレメント内に仮想DOMの内容を表示するためのReactDOMが用意されます。

表示をレンダリングする

　次に行っているのは、仮想DOMの内容をレンダリングし実際のDOMに反映させる処理です。これは「render」というメソッドを使って行います。

```
《ReactDOM》.render(…表示内容…)
```

　このように実行することで、引数に用意した内容をレンダリングし、ReactDOMのルートに設定されたエレメントに表示します。

　では、表示内容はどのように作成するのか。それは、「JSX」を使います。ここでのrenderメソッドを見ると、このようになっていますね。

```
root.render(
  <React.StrictMode>
    <App />
  </React.StrictMode>
)
```

　この<React.StrictMode> 〜 </React.StrictMode>の部分がJSXです。JSXは「文法拡張」と呼ばれるもので、JavaScriptでHTMLやXMLのようなタグを使った記述を値として扱えるようにするための文法的な仕組みを追加するものです。

　引数の<React.StrictMode>や<App />といったものは、Reactのコンポーネントです。JSXを使うことで、コンポーネントをHTMLのようなタグとして記述をしているのですね。

　ここで使っている<React.StrictMode>というのは、JavaScriptのStrictモード（厳格モード）を適用してコードの実行をより厳格に制御するためのものです。そして<App />は、この後で説明するApp.jsで定義されているコンポーネントのタグです。

　つまり、ここでは「厳格モードでAppコンポーネントをレンダリングして表示する」という作業を行っていたのです。

Chapter 1
Chapter 2
Chapter 3
Chapter 4
Chapter 5
Chapter 6
Chapter 7
Chapter 8
Addendum

Web Vitalsのレポート

最後に、見慣れない文が追記されていますね。このようなものです。

```
reportWebVitals()
```

これは、実はReactのプログラムとは関係ありません。これはGoogleが提供する「Web Vitals」の報告を行うものです。これはページの読み込み時間やページの更新に伴う視線の移動頻度などに関するレポートを作成するものです。

Reactの挙動とは直接関係のないものですので、この一文は削除してもかまいません。

NEXT. App.jsについて

というわけで、肝心の表示内容は、App.jsというスクリプトに書かれている「App」というコンポーネントで作成されていることがわかりました。では、「src」フォルダー内にある「App.js」の内容がどのようなものか見てみましょう。

リスト1-3

```
import logo from './logo.svg'
import './App.css'

function App() {
  return (
    <div className="App">
      <header className="App-header">
        <img src={logo} className="App-logo" alt="logo" />
        <p>
          Edit <code>src/App.js</code> and save to reload.
        </p>
        <a
          className="App-link"
          href="https://reactjs.org"
          target="_blank"
          rel="noopener noreferrer"
        >
          Learn React
        </a>
      </header>
    </div>
  )
}
```

```
export default App
```

いきなり、これを見せられても何をやっているのかよくわからないかもしれません。この
スクリプトを理解するためには、Reactのコンポーネント定義について理解しておく必要が
あります。

Reactの関数コンポーネント

Reactは、すべてのUIをコンポーネントとして定義し利用します。このコンポーネント
には、「クラス」と「関数」があります。ここで使われているのは、関数コンポーネントです。
関数コンポーネントは、クラスに比べて扱いがしやすく、最近のReactにおける主流となっ
ています。

この関数コンポーネントは、以下のような形で定義されます。

```
function 名前() {
    ……必要な処理……
    return(《JSX》)
}
```

関数コンポーネントは、普通の引数なしの関数として定義します。そして関数内で必要な
処理を行った後、コンポーネントで表示する内容をJSXでまとめたものをreturnすればい
いのです。これだけで、returnした内容が表示されるコンポーネントが定義されます。

ここでは、<div className="App"> 〜 </div>で表示内容が定義されています。見ればわ
かるように、これらはすべてHTMLの要素です。この内容を表示するコンポーネントが、
Appコンポーネントだったのですね。

exportについて

よく見ると、コンポーネントの関数を定義したその後に、更にこんな文があるのに気がつ
いたでしょう。これは一体、なんでしょうか?

```
export default App
```

この「export ○○」という文は、JavaScriptで定義した関数やオブジェクトなどを外部か
らインポートして利用できるようにするためのものです。「export ○○」というようにして
出力したものは、他のコンポーネントなどから「import ○○」と記述してインポートし利用
することができるようになります。そのための記述なのです。

Chapter 1
Chapter 2
Chapter 3
Chapter 4
Chapter 5
Chapter 6
Chapter 7
Chapter 8
Addendum

　なお、文の中に default というのがありますが、これはデフォルトでインポートできるようにするためのものです。これは後でまた説明します。

コンポーネントは React の基本！

　以上、作成されたサンプルコードの内容をざっと説明しました。サンプルとして用意されているのは、「App というコンポーネントを定義し、それを表示する」というものだったことがわかりました。

　React は、この「コンポーネントを定義して表示する」というのが機能のすべてだといっても過言ではありません。このコンポーネントの機能を如何に使いこなしていくかが React 開発の最重要ポイントといっていいでしょう。

Chapter
1

Chapter
2

Chapter
3

Chapter
4

Chapter
5

Chapter
6

Chapter
7

Chapter
8

Addendum

Section 1-3 Next.jsアプリケーションの開発

 ## Next.jsプロジェクトの作成 NEXT.

　Reactのプロジェクトがどのようなものかざっとわかったところで、次はNext.jsのプロジェクトがどうなっているのか見てみましょう。

　まず、プロジェクトを作成します。Next.jsのプロジェクトも、やはりnpxコマンドを使って行います。ターミナルでデスクトップに場所を移動し（「sample_reac_app」フォルダー内にいる場合は、「cd ..」でフォルダーの外に移動できます）、以下のコマンドを実行しましょう。

```
npx create-next-app sample_next_app
```

　初めて実行したときにはcreate-next-app@xxxといったバージョンが表示され、「Ok to proceed? (y)」と表示されるかもしれません。このような表示がされたらそのままEnterを押して実行してください。

　コマンドを実行すると、次々に質問が表示されていきます。これらについて順にYesかNoかを選択し入力していきます。質問内容を順に説明しましょう。

```
Would you like to use TypeScript? ... No / Yes
```

　TypeScriptを使うかどうかを選択します。ここでは「Yes」を選びます。

```
Would you like to use ESLint? ... No / Yes
```

　「ESLint」というのは、JavaScriptのコード解析ツールです。これを使うことで、問題のあるコードを検出し、修正できるようになります。これもYesを選んでおきましょう。

```
Would you like to use Tailwind CSS? ... No / Yes
```

Chapter 1
Chapter 2
Chapter 3
Chapter 4
Chapter 5
Chapter 6
Chapter 7
Chapter 8
Addendum

これは「Tailwind CSS」というCSSフレームワークをインストールするか尋ねるものです。Tailwind CSSは、簡単にCSSを組み込みUIをデザインできるフレームワークとして、最近になり急速に利用を拡大しています。これもYesにしておきましょう。

```
Would you like to use `src/` directory? ... No / Yes
```

「src」フォルダーを使うか訪ねてきます。Node.jsのプロジェクトは、ソースコード関係は「src」フォルダーにまとめておくのが基本です。この方式を踏襲するかを選びます。ここではYesにしておきます。

```
Would you like to use App Router? (recommended) ... No / Yes
```

これは「App Router」というルーティング機能を使うかどうかを指定するものです。これもYesにしておきます。

```
Would you like to customize the default import alias (@/*)? ... No / Yes
```

これはインポートエイリアス(import文のパスをわかりやすくするもの)をカスタマイズするかどうかを指定します。これは変更する必要は特にないので「No」にしておきます。

これらを一通り設定すると、「sample_next_app」というフォルダーが作成され、その中にプロジェクト関係のファイルが保存されます。

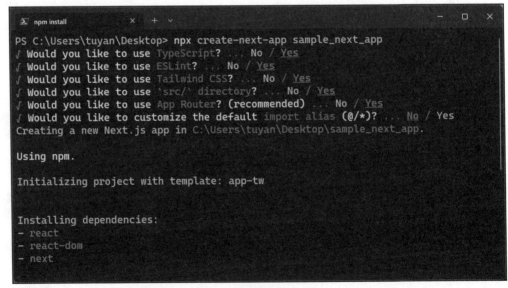

図 1-17 npx create-next-appでプロジェクトを作成する

プロジェクトを利用する

では、作成したプロジェクトを使いましょう。まず、Visual Studio Codeでプロジェクトを開いておきます。

画面の左上に「≡」というアイコンが見えますね？ これをクリックしてください。メニューがプルダウンして現れます。そこから「ファイル」メニュー内の「フォルダーを開く ...」というメニュー項目を選んでください。

画面にフォルダーを選択するファイルダイアログが現れるので、先ほど作成した「sample_next_app」フォルダーを選択しましょう。

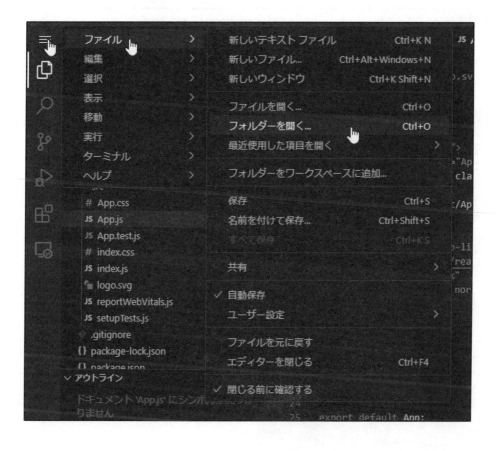

図 1-18 「フォルダーを開く...」メニューで「sample_next_app」フォルダーを開く

　これでフォルダーが開かれ、中にあるファイル類がエクスプローラーに表示されます。必要に応じてファイルを開き、編集できるようになりました。

図 1-19 「sample_next_app」フォルダーの内容がエクスプローラーに表示される

プロジェクトを実行する

　では、作成されたプロジェクトを実行してみましょう。ターミナルから「cd sample_next_app」を実行して場所をフォルダー内に移動し、以下のコマンドを実行してください。

```
npm run dev
```

　これは開発モードでプロジェクトをWebアプリとして実行するものです。Next.jsは、Reactと違い、サーバー側まで一体化したアプリケーションです。このため、実際には「プロジェクトをビルドしてアプリケーションを生成する」「作ったアプリを実行する」といった作業をしなければいけません。

　これは面倒なので、開発中のプロジェクトから直接アプリを実行できる仕組みも用意してあるのです。それを実行しているのが「npm run dev」というコマンドです。

　これを実行したら、Webブラウザから http://localhost:3000/ にアクセスしてみてください。Next.jsアプリにデフォルトで用意されているWebページが表示されます。

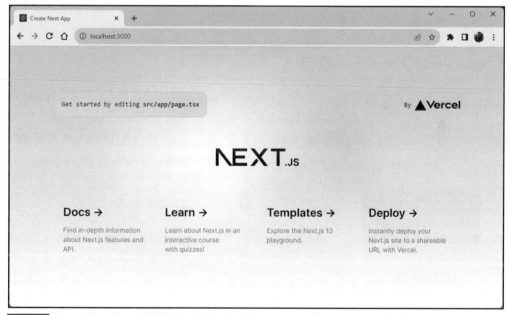

図 1-20 http://localhost:3000/ にアクセスするとNext.jsアプリのWebページが表示される

Next.jsプロジェクトのファイルについて

では、Next.jsのプロジェクトがどのようなファイル構成になっているか見てみましょう。プロジェクトを作成する際に「src」フォルダーを利用するように設定しましたから、基本的なフォルダー構成はNode.jsの標準的なものと同じようになっています。用意されているフォルダーをざっと見てみましょう。

「.next」フォルダー	Next.js関連のファイルがまとめてあるところ。
「node_modules」フォルダー	プロジェクトで使うパッケージ類がまとめられている。
「public」フォルダー	公開されるファイルがあるところ。
「src」フォルダー	Next.jsのプログラム(JavaScriptファイル)がまとめてある。

「.next」というフォルダーが新たに出てきましたが、それ以外はReactのプロジェクトと同じフォルダー構成になっていることがわかります。

Next.jsのファイルの役目

では、Next.jsのWebページを表示するのにどのような形でファイルが使われているのでしょうか。基本的なファイル類の役目を見てみましょう。

Next.jsでは、サンプルのWebページとして2つのファイルが用意されています。「src」フォルダー内の「app」というフォルダー内にある以下のものです。

layout.tsx	ページのベースとなるレイアウトを定義するもの
page.tsx	表示するページを定義するもの

今回のプロジェクトでは、Next.jsの「App Router」という新しいルーティング機能を使っています。これは、「src」フォルダー内に「app」というフォルダーを用意し、ここに用意したファイルがアプリケーションのルートとして認識されます。

このアプリケーションルートである「app」には、layout.tsxが1つだけ用意できます。これは、アプリケーション全体の共通するレイアウトを提供するものです。そしてアプリケーションに用意するWebページ類はそれぞれがフォルダーとして用意され、その中にpage.tsxという名前でそのページに表示するコンテンツを用意します。

このlayout.tsxとpage.tsxの関係を、まずはよく頭に入れておきましょう。

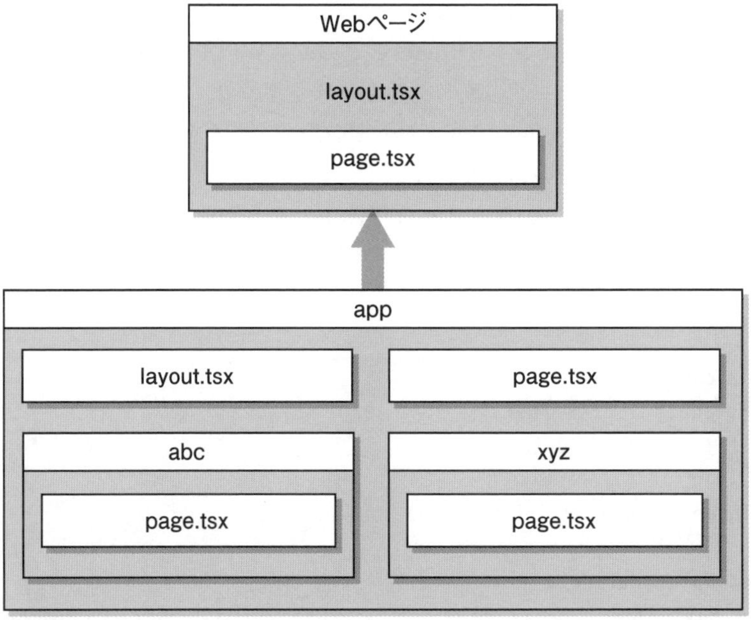

図 1-21 「app」フォルダーにはアプリ全体のレイアウトを決めるlayout.tsxがあり、各フォルダーごとに表示するページのpage.tsxがある。すべてのページはlayout.tsxのレイアウト内にpage.tsxのコンテンツが組み込まれる形で表示される

「.tsx」はTypeScript版JSX

layout.tsx と page.tsx は、Node.jsで利用されるコンポーネントのファイルです。Reactのプロジェクトにあった App.js などと同じものと考えていいでしょう。

先ほど作成した Node.js プロジェクトでは、使用する言語に TypeScript を指定していました。TypeScriptを選択した場合、コンポーネントはこのように.tsxという拡張子のファイルとして作成されます。これは「TypeScript + JSX」のファイルです。つまり、TypeScriptをベースに、JSXを使って記述されているコンポーネントです。

この.tsxは、Node.js特有のものというわけではありません。Reactのプロジェクトでも、TypeScriptを利用して開発する場合は使われることがあります。

layout.tsx の内容

では、用意されているサンプルのコンポーネントについて簡単に中身をチェックしましょう。ただし、あらかじめいっておきますが、ここでの説明は、すべて理解する必要はありません。まだTypeScriptもよくわからない人も多いでしょうし、Node.jsについてもこれか

ら学び始めるのですから、ここに書かれている内容がわからないのは当然です。

　Next.jsのWebページのコンポーネントがReactとどのぐらい似ているか、あるいは違うのかをざっくりと把握する意味でコードの説明を行うだけですので、内容はさらっと流してしまってかまいません。この先、TypeScriptとNext.jsについてある程度理解が進んだら、改めて読み返して内容を理解すればいいでしょう。

　まずは、「layout.tsx」からです。このファイルは、Webページの基本的なレイアウトを作成するものでした。これは以下のようなコードになっています。

リスト1-4

```
import './globals.css'
import type { Metadata } from 'next'
import { Inter } from 'next/font/google'

const inter = Inter({ subsets: ['latin'] })

export const metadata: Metadata = {
  title: 'Create Next App',
  description: 'Generated by create next app',
}

export default function RootLayout({
  children,
}: {
  children: React.ReactNode
}) {
  return (
    <html lang="en">
      <body className={inter.className}>{children}</body>
    </html>
  )
}
```

　Reactよりも格段に難しく感じるかもしれません。しかし、行っていることはそんなに複雑なものではありません。ただ、見たことのないオブジェクトなどが使われていることと、TypeScriptの記述に慣れていないために難しく感じるだけです。

　では、簡単に内容を整理しておきましょう。まず冒頭にはいくつかのimport文が並んでいますね。これは、必要となるオブジェクトなどをインポートしている文です。内容などは今は深く考えなくてもいいでしょう。

■ フォントのインポート

最初に、フォントをTypeScriptオブジェクトとしてインポートするための文が記述されています。この部分ですね。

```
const inter = Inter({ subsets: ['latin'] })
```

コードの冒頭に、import { Inter } from 'next/font/google' というインポート文がありますが、これはGoogleフォントのInterというフォントのための関数をインポートしているものです。そしてこのInter関数でフォントのオブジェクトを定数interに代入しています。subsets: ['latin'] とあるのは使用言語にlatinを指定するものです。要するに、通常の英語で使われるフォントを指定している、ということですね。

■ Metadataの用意

続いて、Metadataというオブジェクトを作成するための記述が用意されています。

```
export const metadata: Metadata = {
  title: 'Create Next App',
  description: 'Generated by create next app',
}
```

Metadataというのは、冒頭にあるimport type { Metadata } from 'next' でインポートしたタイプ（値の種類を示すもの）です。JavaScriptでは、値のタイプ（numberやstringなど）はいくつかのものが固定で用意されているだけですが、TypeScriptでは値のタイプを定義できます。このMetadataも独自に定義されたタイプです。このMetadata型の値を作成し、exportで外部から利用できるように出力しています。

このMetadataの値には、titleとdescriptionという項目が用意されています。これらは、Webページを作成したことがある人ならすぐにピンとくるでしょう。そう、Webページの<head>に用意している値です。

このMetadataは、Webページの<head>に用意しておく<meta>の値などをまとめて設定しておくものなのです。titleやdescriptionは、そのまま<title>や<meta name="description">に値として設定されます。表示するページのタイトルや説明などをここで設定していたのですね。

Chapter 1
Chapter 2
Chapter 3
Chapter 4
Chapter 5
Chapter 6
Chapter 7
Chapter 8
Addendum

コンポーネントの定義

その後にあるのは、「RootLayout」というコンポーネント用の関数定義です。これは複雑に見えますが、引数の部分がわかりにくいだけで、整理すると以下のようになっています。

```
export default function RootLayout(引数) {
  return (
    <html lang="en">
      <body className={inter.className}>{children}</body>
    </html>
  )
}
```

これ自体は、Reactのコンポーネント関数と同じようなものであることがわかるでしょう。ただし引数には、以下のような値が設定されています。

```
{children,}: {children: React.ReactNode}
```

JavaScriptしか使ったことがないと何をやっているかよくわからないかもしれませんが、○○:×× という記述は「×× 型の変数○○」を宣言するものです。つまりこれは、function RootLayout(x:number)といった記述と同じようなものなのですね。

ただし、変数名のところに{children,}という値が、そしてタイプの指定部分に{children: React.ReactNode}という値が指定されているためによくわからなくなっているのですね。これは、「ReactNodeというReactの仮想DOMのノードが保管されているchildrenという引数が用意されている」ということだと理解しておけばいいでしょう。

page.tsx の内容

続いて、「app」フォルダーにある「page.tsx」の内容です。こちらは、Reactのコンポーネント関数とだいたい同じようなものが書いてあるだけです。

リスト1-5

```
import Image from 'next/image'

export default function Home() {
  return (
    <main className="……略……">
      ……表示する内容……
```

```
    </main>
  )
}
```

　実際は非常に長いのですが、returnでJSXを使った表示内容が延々と書いてあるだけで、コードの基本的な形は割とシンプルです。Homeという関数を定義し、JSXで書いた表示内容をreturnしているだけです。

　ちょっと注意しておきたいのは、冒頭にあるimport文でしょう。

```
import Image from 'next/image'
```

　これは、イメージを扱うためのImageオブジェクトをインポートするものです。これ自体は別に説明する必要もないのですが、書き方がこれまでのものとちょっと違っているのに気づいた人もいるでしょう。

　インポートする関数やオブジェクトは、普通はimport {○○,××}というように記述します。{}でインポートするものをまとめておくのですね。けれど、ここではImageとあるだけで、{Image}にはなっていません。

　exportする際にdefaultをつけてデフォルト指定されたものは、import ○○とするだけでインポートできるのです。{}はいらないのですね。「exportでdefaultをつけるとどうなるのか？」が、これでわかりました。

Chapter 1
Chapter 2
Chapter 3
Chapter 4
Chapter 5
Chapter 6
Chapter 7
Chapter 8
Addendum

Chapter
1

Chapter
2

Chapter
3

Chapter
4

Chapter
5

Chapter
6

Chapter
7

Chapter
8

Addendum

Section 1-4 Vercelでデプロイする

Next.jsアプリケーションとVercel

Next.jsのアプリケーションは、プロジェクトとして作成する、ということはわかりました。では、作成したプロジェクトは、どうやってアプリケーションとして公開するのでしょうか。

最近では、Next.jsに対応したクラウドサービスなども出てきましたが、まだまだ自分でアプリケーションをビルドしてクラウドで公開するのは敷居が高いでしょう。自力でそうしたことをできるか不安だ……という人も多いはずです。

しかし、そうした心配は必要ありません。Next.jsの開発元であるVercelは、Next.jsアプリケーションをデプロイするための専用クラウドサービスを提供しています。これを利用すれば、誰でも無料で自分のアプリケーションをデプロイし、公開することができます。

このサービスは、VercelのWebサイトで提供されています。以下のURLにアクセスしてください。

https://vercel.com/

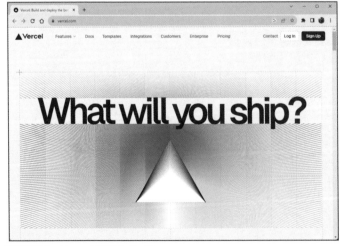

図 1-22 VercelのWebサイト

Vercelにサインインする

まず最初に行うのは、サインインです。Vercelでは、GithubなどのGitを利用したソースコードホスティングサービスのアカウントを使ってサインインするようになっています。利用には、事前にGitHubなどのアカウントを用意しておく必要があります(GitHubアカウントについては後述します)。

サインインは、右上に見える「Sign Up」というボタンをクリックして行います。以下の手順に従って作業してください。

● 1. Create Your Vercel Account

クリックすると、画面に「Create Your Vercel Account」という表示が現れます。ここでプランタイプと名前を入力します。

プランタイプは、本格的に業務で使うのでなければ「Hobby」を選んでおきましょう。そして名前を入力し、「Continue」ボタンをクリックします。

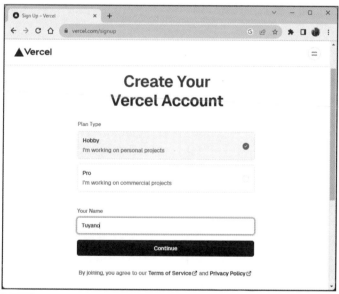

図 1-23 プランタイプと名前を入力する

● 2. Let's connect your Git provider

アカウントに使用するGit利用のサービスを選択します。ここではもっとも広く利用されている「GitHub」を選択して説明をしていきます。あらかじめGitHubにログインしておいてから「Connect with GitHub」ボタンをクリックしてください。

Chapter 1
Chapter 2
Chapter 3
Chapter 4
Chapter 5
Chapter 6
Chapter 7
Chapter 8
Addendum

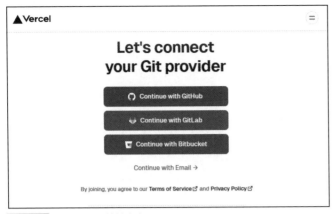

●3. Vercel by Vercel would like permission to:

　Vercel と GitHub を接続します。「Authorize Vercel」ボタンをクリックしてください。Vercelからの GitHub 接続を許可します。

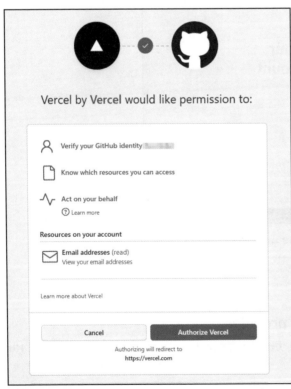

図 1-25 「Authorize Verce l」ボタンをクリックする

Vercelのメイン画面

　これでサインインが完了し、Vercelのメイン画面が現れます。ここには以下の2つの表示が見えるでしょう。

Import Git Repository	接続したGitHubからリポジトリをインポートして取り込みます。
Clone Template	プロジェクトのテンプレートです。ここから新しいプロジェクトを作成します。

　とりあえず、私たちがすぐに使うのは「Clone Template」でしょう。ここで、作成したいプロジェクトを選ぶだけで、自動的に新しいプロジェクトを作成することができるのです。

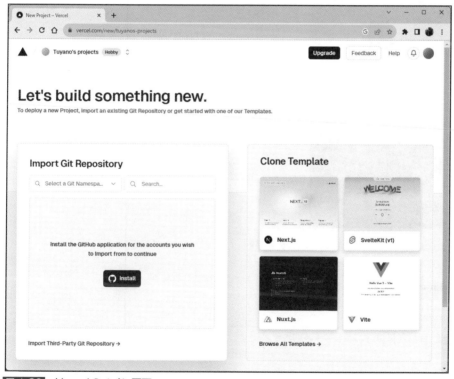

図 1-26 Vercelのメイン画面

プロジェクトを作成する

では、実際にVercelでプロジェクトを作成してみましょう。以下の手順に従って操作していってください。

●1. Clone Template

「Clone Template」というところに、作成するプロジェクトのタイプが表示されています。この中から、「Next.js」という項目をクリックしてください。

図 1-27 「Next.js」のテンプレートを選択する

●2. Install vercel

VercelからGitHubのリポジトリにアクセスするためのアクセス権を設定します。下部にある「Install」ボタンをクリックしてください。

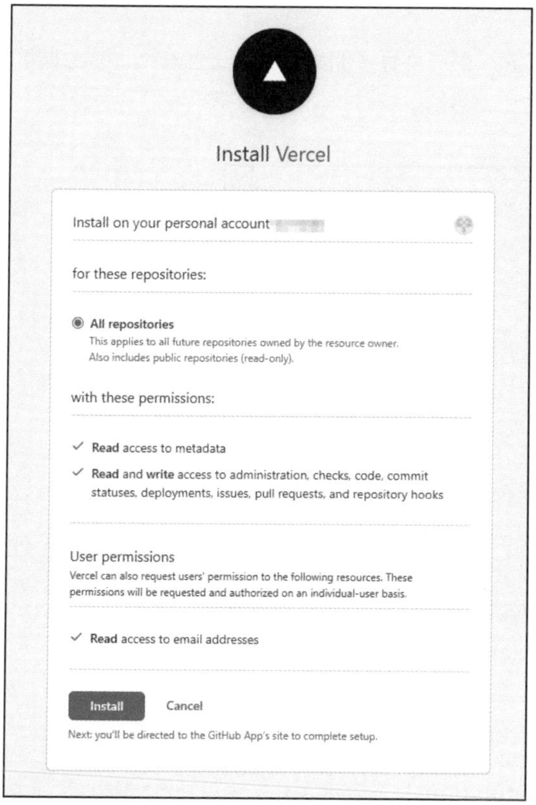

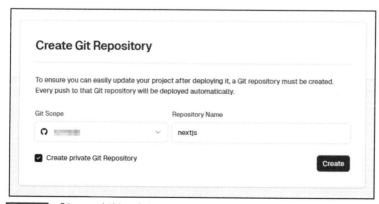

図 1-28 「Install」ボタンをクリックする

● 3. Create Git Repository

Gitのリポジトリを作成します。「Create private Git repository」のチェックをONにした状態で「Create」ボタンをクリックします。

Create Git Repository

To ensure you can easily update your project after deploying it, a Git repository must be created.
Every push to that Git repository will be deployed automatically.

Git Scope   Repository Name

◯ ▮▮▮▮▮▮   ∨   nextjs

☑ Create private Git Repository   Create

図 1-29 「Create」ボタンをクリックする

●4. Deploy

プロジェクトのクローンをGitリポジトリにデプロイ開始します。これには少し時間がかかります。そのまま完了するまで待ってください。

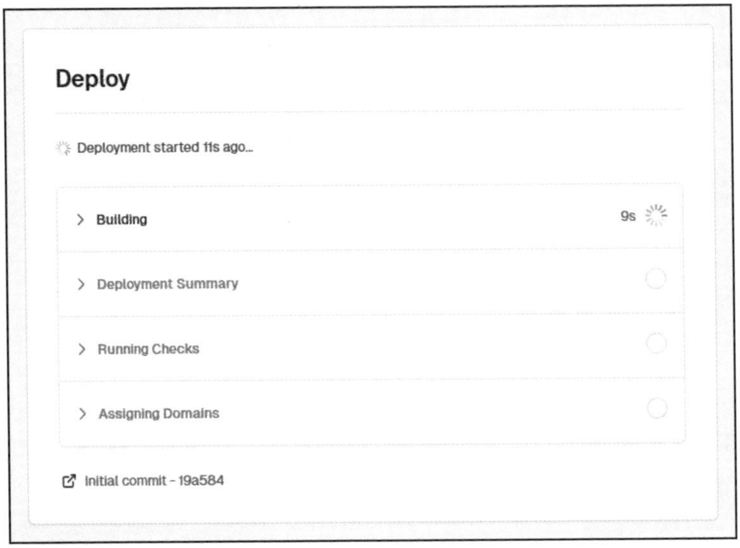

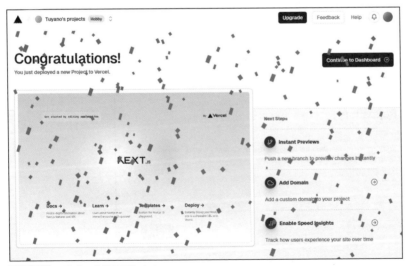

図 1-30　デプロイを開始する

デプロイ作業が完了すると、「Congratulations!」と表示されます。これでプロジェクトがGitHubに作成されました。GitHubとVercelは接続されているため、GitHub側でプロジェクトを編集すると、自動的にVercelのプロジェクトも更新されるようになります。

図 1-31　デプロイが完了した

ダッシュボードに移動

作業が完了したら、画面右上に見える「Continue to Dashboard」というボタンをクリックしてください。「ダッシュボード」という画面に移動します。

「Production Deployment」というところに、作成したNext.jsのプロジェクトが表示されます。左側には、アプリケーションのプレビューイメージが表示され、その右側に以下のような項目が用意されています。

Deployment	デプロイのリンクです。クリックするとデプロイの情報ページに移動します。
Domains	公開されているドメインです。
Status	ステータスです。これが「Ready」になっていればすべての作業が完了しています。
Created	作成された日時です。
Source	プロジェクトのソース。GitHubのリンクが用意されています。

これらの情報を見れば、現在公開されているアプリケーションがどういうものかがわかるでしょう。GitHub側のコードを編集すると、この部分の表示が更新されるので、頻繁に更新しているようなときも、いつの修正が反映されているのか確認できます。

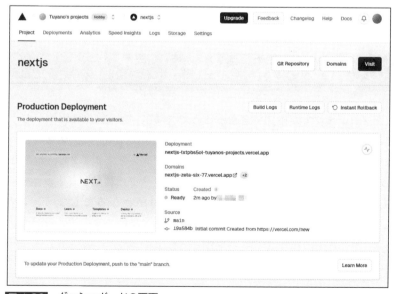

図 1-32 ダッシュボードの画面

アプリケーションを開く

では、実際にデプロイされているアプリケーションがどうなっているか見てみましょう。ダッシュボードには、アプリケーションのプレビューが表示されています。このプレビューイメージをクリックすると、新しいタブが開かれ、アプリケーションのページにアクセスします。作成されたNext.jsのページが表示されるのを確認できるでしょう。

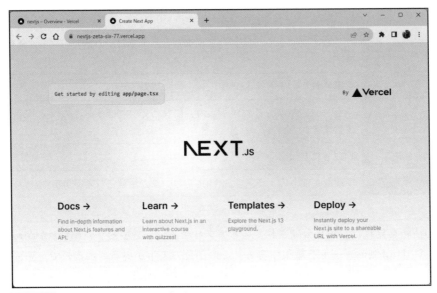

図 1-33 デプロイされているアプリケーション

NEXT GitHubのリポジトリについて

Vercelで作成したプロジェクトが確認できたところで、接続しているGitHub側がどうなっているのかも見てみましょう。GitHubのサイト（https://github.com/）にアクセスし、リポジトリを表示してください。右上に見えるアカウントのアイコンをクリックし、現れたリストから「Your repositories」をクリックするとリポジトリのリストに移動します。

ここに「Next.js」というリポジトリが作成されているのがわかるでしょう。これが、Vercelで作成したプロジェクトのリポジトリです。

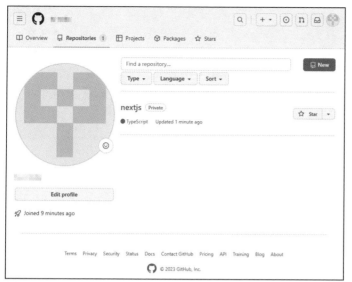

図 1-34 GitHubに、作成したNext.jsのリポジトリが作成されている。

コードを表示する

では、リポジトリの名前部分（「next.js」という部分）をクリックして、リポジトリを開いてください。すると、リポジトリに保存されているファイル類の表示が現れます。これが、このNext.jsプロジェクトのファイル類になります。

ファイルやフォルダーはクリックして開き、中身を見ることができます。Next.jsのプロジェクトのファイルがすべて用意されていることがわかるでしょう。

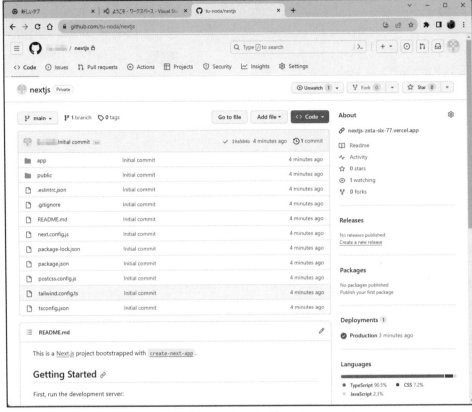

図 1-35 リポジトリにはプロジェクトのファイルがアップロードされている

NEXT Visual Studio Codeで編集する

　では、このリポジトリのファイル類はどうやって編集するのでしょうか。実は、GitHubには、Web版のVisual Studio Codeが組み込まれています。コードの表示画面で、キーボードのドット（ピリオド）記号のキーを押すと、その場でVisual Studio Codeが起動し、リポジトリのファイル類が編集可能になります。

　既にWeb版のVisual Studio Codeは使っていますから、基本的な使い方はわかるでしょう。これを使ってコードを編集すると、リアルタイムにファイルが保存されます。

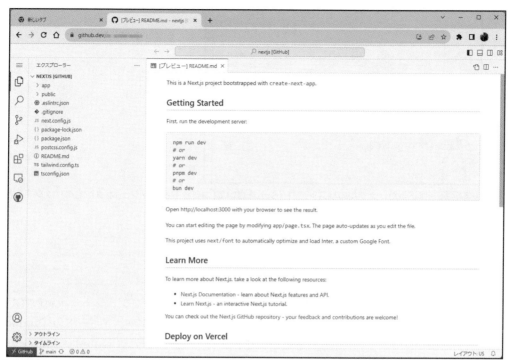

図 1-36 Visual Studio Codeの画面。ここでファイルを開いて編集できる

コミットとプッシュ

　ファイルを編集しても、実はまだVercelには修正は反映されません。Gitのリポジトリでは、ファイル類の更新は「コミットとプッシュ」という作業を行って初めて反映されるようになっています。

　左端のアイコンバーで、上から3つ目にある「ソース管理」というものをクリックしてください。その右側に、更新されたファイル類が一覧表示されます。上部にはコメントを記入するフィールドが用意されています。

　このフィールドに、更新内容を表すコメントを記入し、「コミットとプッシュ」ボタンをクリックすると、修正内容がすべて反映されます(更新したファイルのリストは空になります)。

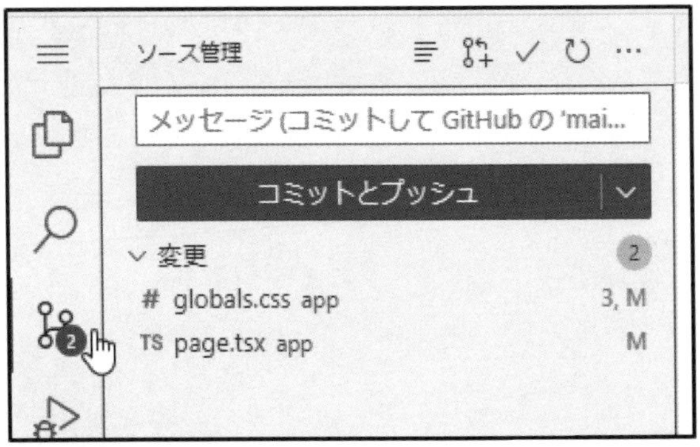
ソース管理
メッセージ (コミットして GitHub の 'mai...
コミットとプッシュ
変更
2
globals.css app
3, M
page.tsx app
M

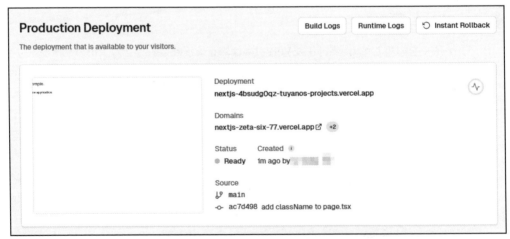

図 1-37 修正したファイルのリスト。コメントを書いて「コミットとプッシュ」ボタンをクリックすると反映される

Vercelでプロジェクトを確認する

実際にGitHubでソースコードを更新すると、Vercel側のプロジェクトに更新内容が伝えられ、即座にこちらも更新されます。Vercelのサイトに戻り、ダッシュボードの「Production Deployment」にあるプロジェクトの内容をチェックしましょう。CreatedやSourceの値が最新のものに更新されていることがわかるはずです。もちろん、プレビュー画面もコードの修正に合わせて変わります。

Production Deployment
The deployment that is available to your visitors.
Build Logs
Runtime Logs
Instant Rollback
Deployment
nextjs-4bsudg0qz-tuyanos-projects.vercel.app
Domains
nextjs-zeta-six-77.vercel.app
+2
Status
Ready
Created
1m ago by
Source
main
ac7d498 add className to page.tsx

図 1-38 Vercelのダッシュボードを見ると、プロジェクトの情報が更新されている

そのままプレビューイメージをクリックしてアプリを起動してみましょう。すると、GitHubの修正通りに表示などが変わっていることがわかります。

「GitHubで修正、Vercelでデプロイ」という開発スタイルは、このようにすべてオンラインで開発ができるようになっているのです。

Chapter
1

Chapter
2

Chapter
3

Chapter
4

Chapter
5

Chapter
6

Chapter
7

Chapter
8

Addendum

図 1-39　デプロイされたアプリも更新されている

NEXT. GitHubアカウントについて

Vercelのクラウドサービスを利用するには、Git利用のソースコードホスティングサービスのアカウントが必要になります。まだアカウントを持っていないなら、もっとも利用者の多いGitHubのアカウントを取得しておきましょう。GitHubは以下のURLになります。

https://github.com/

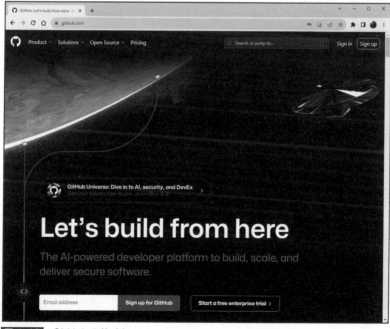

図 1-40　GitHubのサイト

アクセスしたら、右上に見える「Sign Up」というボタンをクリックしてください。そして以下の手順に沿ってアカウント作成を行ってください。

● 1. 登録情報の入力

必要な情報を入力するための画面が現れます。ここでは以下のような項目が次々と現れます。

Enter your email	登録するメールアドレス
Create a password	登録するパスワード
Enter a username	表示するユーザー名
Would you like ～	プロダクトの更新情報を受け取るか(y または n で入力)

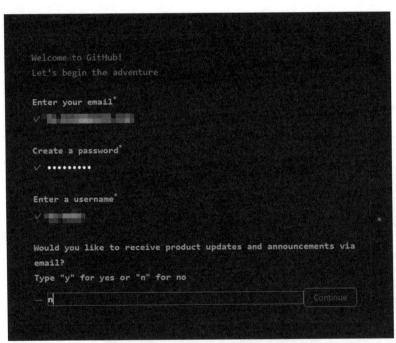

図 1-41 メールアドレス、パスワード、ユーザー名などを入力していく

●2. アカウントの保護

　ロボットでないことを確認する表示が現れます。「検証する」をクリックして、質問に答えてください。そして送信すれば、アカウントが作成されます。

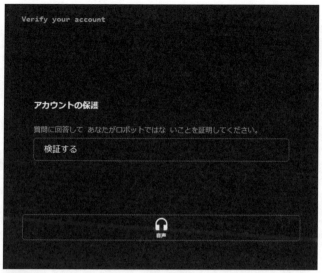

図 1-42　「検証する」をクリックし、質問に回答する

●3. チーム人数と教育関係の入力

　画面にパネルが現れます。そこで、自身のチームの人数と、教育関係者(学生か教師か)を入力します。個人利用ならば「Just me」と「N/A」を選んでおきましょう。

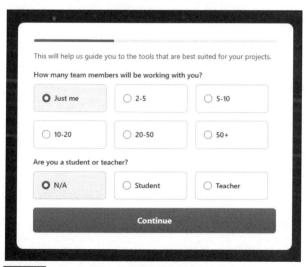

図 1-43　チーム人数と教育関係者かどうかを入力する

● 4. プランの選択

GitHubには2つのプランがあります。無料のプランと有料のプランです。このどちらか
を選択します。とりあえず無料プランで始めればいいでしょう。「Continue to free」ボタン
をクリックしてください。

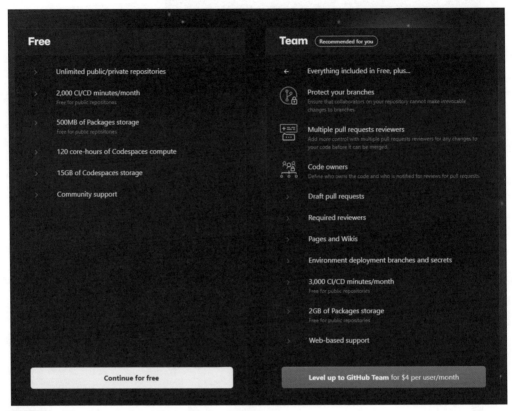

図 1-44　「Continue to free」ボタンをクリックする

これでアカウント登録が完了しました。GitHubには、PC用のアプリなども用意されてい
ます。Vercelでプロジェクトを作成する方法は説明しましたが、自分で作ったプロジェク
トをGitHubにアップロードし、Vercelでインポートして使う場合は、GitHubのユーティ
リティが必要になります。

本書はNext.jsの解説書ですので、GitHubの使い方に関するこれ以上の詳しい説明は行
いません。まだGitHubを使ったことがない人は、別途学習してください。

NEXT. Reactを学んでからNext.jsへ！

以上、ReactとNext.jsのプロジェクトを作成し、Vercelのクラウドサービスで公開するまでを簡単に説明しました。

Next.jsは、Reactをベースにしているため、Webページのコンポーネントも基本的にはReactのコンポーネントとして定義しています。したがって、Next.jsを理解するためには、まずReactのコンポーネントをきちんと理解する必要があります。

また、Next.jsのコンポーネントでは、フォントをオブジェクトとしてロードするなどReactには見られない機能も使われています。こうしたNext.js独自の機能というのも、もちろんいろいろとあります。Reactの基本がわかったら、こうした独自機能についても学んでいく必要があります。

TypeScriptも重要

こうしたNext.jsの機能とは別に、しっかりと理解しておきたいものがあります。それは「TypeScript」です。Next.jsはJavaScriptベースで開発することもできますが、TypeScriptを使ったほうが圧倒的に便利です。TypeScriptはJavaScriptの強化版のような言語であり、少し勉強すれば使えるようになりますから、これを機会にぜひTypeScriptでの開発に挑戦してみましょう。

本書でも、Next.jsの開発についてはすべてTypeScriptベースで説明をしていきます。「TypeScriptはよくわからない」という人は、巻末に「TypeScript超入門」を用意していますので、それで基本的な文法を学んでおきましょう。

なお、もっと本格的に勉強したい人向けに「TypeScriptハンズオン」という入門書を上梓していますので、こちらも参考にしてください。

●「TypeScriptハンズオン」のAmazonページ

https://www.shuwasystem.co.jp/book/9784798065335.html

Chapter 1
Chapter 2
Chapter 3
Chapter 4
Chapter 5
Chapter 6
Chapter 7
Chapter 8
Addendum

Reactコンポーネント を学ぶ

Next.jsでは、Reactのコンポーネントを使ってUIを作成
していきます。このため、まずはReactコンポーネントにつ
いてきちんと理解しておく必要があります。ここではReact
の関数コンポーネントの基本的な使い方について説明し、コ
ンポーネントを一通り使えるようになりましょう。

ポイント

▶ 関数コンポーネントの書き方を覚えよう。

▶ 属性で必要な値を渡せるようになろう。

▶ ステートとステートフックについて理解しよう。

Section 2-1 React関数コンポーネントの基本

Reactアプリケーションを学ぼう

　Next.jsは、Reactをベースに作られています。したがって、Next.jsを活用するには、まずReactについてきちんと理解しておく必要があります。既に「Reactは完璧！」という人もいるでしょうが、「あまりよく知らない」という人もいることでしょう。そこで、Next.jsに入る前に、まずはReactについて(特に、Next.jsでも使われているコンポーネントについて)簡単に学んでおくことにしましょう。既にわかっているという人も復習のつもりで読んでください。

　Reactは、Webページの表示を作成するフレームワークです。これは「コンポーネント」と呼ばれる部品としてUIを定義し、これを組み合わせて作成します。このコンポーネントには、クラスを利用するものと関数として定義するものがあります。クラスベースのコンポーネントは設計が複雑になりがちで、最近はあまり多用されていません。関数コンポーネントのほうが遥かに簡単に使えるため、こちらが主流となりつつあります。

　関数コンポーネントは、ざっと以下のような形をしています。

```
function 名前() {
    ……処理……
    return 《JSX》
}
```

　必要な処理を行った後、最後にreturnで表示する内容を返します。この値には、JSXを利用するのが一般的です。これで、JSXで記述した内容を表示するコンポーネントが完成します。なお、コンポーネントは通常、外部から呼び出され組み込まれるようになっているため、作成した関数はexportしておきます。

シンプルな関数コンポーネント

では、前章で作成したReactプロジェクト（「sample_react_app」プロジェクト）を使ってコンポーネントの基本について説明していきましょう。

プロジェクトの「src」フォルダー内にある「App.js」ファイルを開いてください。これが、実際にWebページに表示されているコンポーネントでしたね。このファイルの内容を以下のように書き換えてみましょう。

リスト2-1

```
import './App.css'

function App() {
  return (
    <div className="App">
      <h1>React sample.</h1>
      <p>This is sample application.</p>
    </div>
  )
}

export default App
```

シンプルな表示をするコンポーネントにしました。修正したら、ターミナルから「npm start」コマンドを実行して表示を確認しましょう。

図 2-1 http://localhost:3000/でWebアプリの表示を確認する

> ### コラム NEXT. アプリはリスタートする必要なし！ Column
>
> 　これから先、プロジェクトに用意したコンポーネントの内容を書き換えて表示や
> 動作を確認していきます。こんなとき、いちいちnpm startコマンドをCtrlキー＋C
> で終了して、再実行していませんか？
> 　ReactやNext.jsのアプリケーションを実行した場合、コンポーネントファイルを
> 書き換えると実行中のWebアプリの表示もリアルタイムに更新されます。npm start
> で実行したアプリを再起動する必要はありません。開発中は実行しっぱなしにして
> おきましょう。

NEXT. 値の埋め込み

　コンポーネントは、ただreturnする内容を表示するだけなら、これだけでもうほかに覚
えることはありません。しかし実際には、表示したコンポーネントをいろいろと操作する必
要があります。こうした「コンポーネントの操作」について説明をしていきましょう。
　まずは、あらかじめ変数などに用意しておいた値をコンポーネント内に表示する方法につ
いてです。JSXでは、{}という記号を使うことで、事前に用意しておいた変数や定数などを
埋め込むことができます。例えば、こんな具合です。

```
<p>{hello}</p>
```

　このようにすることで、<p>に変数helloの値を表示させることができます。これを利用
することで、変数などを利用してコンポーネントの表示を作成できるようになります。
　実際にやってみましょう。App.jsのApp関数を以下のように書き換えてみてください。
関数以外の部分は現状のままにしておきましょう。

リスト2-2

```
function App() {
  const msg = "これはサンプルのメッセージです。"
  return (
    <div className="App">
      <h1>React sample.</h1>
      <p>This is sample application.</p>
      <div>{msg}</div>
    </div>
```

```
    )
}
```

図 2-2 msgに指定したテキストが表示される

このようにすると、定数msgに用意したテキストがコンポーネントに表示されます。こ
こでは、JSXを使って<div>{msg}</div>というようにmsgの表示を追記していますね。こ
れでmsgの内容が表示されるようになるのです。

この{}を使った値の埋め込みは、コンポーネントの表示を作成する際の基本となる機能と
いえます。

NEXT コンポーネントの引数と属性

コンポーネントは、外部からインポートして組み込みで利用します。例えば、App.jsに
記述されているAppコンポーネントは、index.jsの中からインポートされ表示されていまし
た。

このように外部からコンポーネントをインポートして利用するとき、そこで必要な情報を
コンポーネントに渡して表示を操作することができれば、汎用性の高いコンポーネントが作
れます。例えば、Appコンポーネントは、index.jsではこんな具合に記述していましたね。

```
<App />
```

ただ名前が書かれているだけのシンプルなものです。これが、例えば表示するタイトルや
メッセージなどを指定できるようになっていたらどうでしょうか。

```
<App title="Hello" message="This is sample." />
```

このように記述したら指定したタイトルとメッセージが表示されるようになっていたら、
ぐっと使いやすいものになりますね。

属性の渡し方

　このように、JSXのタグとして記述をする際、属性を使って必要な値を渡すことができたら、かなり便利です。これは、実はとても簡単にできるのです。コンポーネントを定義する際に、引数を用意しておくことで、属性の値を利用できるようになります。

```
function 名前（引数）{……}
```

　関数コンポーネントをこのように定義すると、引数が渡されるようになります。この引数は、このコンポーネントを使っているJSXタグに用意された属性を1つのオブジェクトにまとめたものです。

```
<名前 a="〇〇" b="××" c="△△" />
```

　例えばこのようにタグを記述したとしましょう。このとき、a, b, cといった属性は、すべてオブジェクトにまとめて引数に渡されます。
　コンポーネントの関数では、「引数.a」とすることで、a属性の値を手に入れることができます。「引数.b」「引数.c」とすれば、bやcの属性の値も得ることができるのです。

Appコンポーネントで属性を使う

　では、Appコンポーネントを修正し、属性を利用した表示を行うようにしてみましょう。まず、index.jsを開いて、実行しているコード部分（importの後の部分）を以下のように書き換えます。

リスト2-3

```
const root = ReactDOM.createRoot(document.getElementById('root'))
root.render(
  <React.StrictMode>
    <App title="Hello!" message="これは属性の値です。" />
  </React.StrictMode>
)
```

　ここでは、<App />タグにtitleとmessageという属性を用意しました。これらの値を利用するようにAppコンポーネントを修正すればいいわけですね。
　では、App.jsを開き、App関数を以下のように書き換えましょう。

リスト2-4

```
function App(props) {
  return (
    <div className="App">
      <h1>{props.title}</h1>
      <p>{props.message}</p>
    </div>
  )
}
```

図 2-3　Appからタイトルとメッセージを渡して表示する

　ここでは、引数にpropsという値を渡すようにしました。そしてJSXの部分で、{props.title}と{props.message}という値を表示しています。これで、<App />に用意したtitleとmessageの属性が取り出されて表示される、というわけです。

　属性の値がどのように受け渡されるかわかったでしょうか。これがわかると、コンポーネントの表示のさまざまな部分を属性として渡せるようになります。

属性の値を設定する

　この{}を使った値の埋め込みは、タグの属性の値にも使うことができます。例えば、コンポーネントに属性として用意した値を使ってスタイルクラスを設定するようなことができれば、表示をかなりダイナミックに変更することができるようになりますね。

　実際に試してみましょう。まず、App.cssというファイルを開いてください。これは、Appコンポーネントで利用するスタイルシートが記述されているファイルです。ここに、以下のようなクラスを追記してください。

リスト2-5

```
.red {
  color: red;
}
.green {
```

```
  color: green;
}
.blue {
  color: blue;
}
```

ここでは、red, green, blueという3つのクラスを用意しました。それぞれで、colorの値を指定の色に設定するようにしてあります。

続いて、<App />の修正を行いましょう。index.jsを開き、JSXで記述している<App />部分を以下のように書き換えます。

リスト2-6
```
<App color="red" title="Hello!" message="これはcolor=redの表示です。" />
```

今回は、新たにcolor="red"という属性を追加しました。この値を元に、コンポーネントのスタイルクラスを設定するようにコードを修正すればいいのです。

では、App.jsの関数を以下のように修正しましょう。

リスト2-7
```
function App(props) {
  const msg = "これはサンプルのメッセージです。"
  return (
    <div className="App">
      <h1 className={props.color}>{props.title}</h1>
      <p className={props.color}>{props.message}</p>
    </div>
  )
}
```

図2-4　color="red"を指定して赤いテキストで表示させる

実行すると、赤いテキストでコンポーネントが表示されます。ここでは\<h1\>と\<p\>にそれぞれclassName={props.color}と属性を追加しておきました。これでスタイルクラスの属性がcolorの値に変更されます。

このように、JSXで記述したタグの属性値も変数などを使って設定することができます。

コラム NEXT. ### スタイルクラスは「class」ではなくて「className」　**Column**

JSXでは、HTMLの要素に用意されている属性はほとんどそのまま使うことができます。ただし、中には使えないものもあります。その代表が「class」です。

classという属性は、JSXではそのまま使うことができません。JavaScriptやTypeScriptにclassというキーワードが用意されているためです。class属性は、JSXでは「className」という名前になっています。

Section 2-2 ステートとフック

NEXT. ステートで値を保持する

コンポーネントで、外部から属性を使って値を設定することはできました。では、表示しているコンポーネントをその場でリアルタイムに操作することはできないのでしょうか。例えば、クリックしたら表示している値やテキストが変わる、といったようなことですね。

実際にできないか試してみましょう。まず、クリックする要素のスタイルクラスを用意しておきましょう。App.cssを開いて以下を追記してください。

リスト2-8

```css
.clickable {
  cursor: pointer;
  font-size: 24px;
}
```

では、App.jsのAppコンポーネントを修正します。App関数を以下のように書き換えてみてください。

リスト2-9

```jsx
function App(props) {
  var counter = 0
  const doClick = ()=> {
    counter++
  }
  return (
    <div className="App">
      <h1 className={props.color}>{props.title}</h1>
      <p className={props.color,"clickable"}
        onClick={doClick}>counter: {counter}.</p>
    </div>
  )
}
```

図2-5 クリックしても何も変化しない

　ここでは、<p>にonClick={doClick}という属性を追加してあります。onClickは、クリックしたときの処理を割り当てるための属性です。そして割り当てているdoClickというものは、その前に定義してある関数です。

```
const doClick = ()=> {
  counter++
}
```

　この部分ですね。ここではアロー関数を使ってdoClickを定義しています。そして関数の中では、用意しておいた変数counterの値を1増やしています。

　これで、<p>をクリックするとdoClick関数が呼び出され、counterの値が1増える、という基本的な処理ができました。

　ところが、実際に試してみると、いくら<p>の表示をクリックしても数字はゼロのままで全く変化しません。

関数では値は保持されない

　なぜ、動かないのか。それは、関数コンポーネントが「呼び出されたときだけ動き、描画し終わったら消えるもの」だからです。

　関数というのは、呼び出されたらその中の処理を実行し、そして終了したらそれで終わります。関数の中で用意された変数などは、実行中は存在しますが、関数の実行が終了したらそこですべて消えてしまいます。

　関数コンポーネントは、ただ「コンポーネントを作成するだけ」の関数です。作成して画面に追加されたものはちゃんと機能しますが、しかし関数の中にあった変数などはそのときには消滅しています。counterもdoClick関数も、実際にユーザーが操作するときはもう消えているのです。

ステートフックという考え方

Reactでは、コンポーネントの状態などの値を保持するのに「ステート」というものを用意しました。コンポーネントは、ステートを使うことで値を保持することができるようになっています。

関数コンポーネントからこのステートを利用するために「ステートフック」と呼ばれる機能も用意されています。これは、reactというモジュールに用意されている「useState」という仮数として提供されます。この機能を利用するには、まず以下のような文でuseStateをインポートしておきます。

```
import {useState} from 'react'
```

このuseState関数は、ステートの値を保管する変数と、値を変更する関数を作成して返します。これは以下のような形で使います。

```
const [変数A, 変数B] = useState(初期値)
```

これで変数Aにはステートの値が代入され、変数Bにはステートの値を変更する関数が代入されます。この変数Aを{}でJSXに埋め込めば、ステートの値を表示させることができます。また変数Bを関数として呼び出せば、ステートの値を変更できます。

カウンタを修正する

このステートフックは、実際に使ってみればすぐに働きがわかります。では、先ほどの「クリックして数字をカウントする」というサンプルを修正し、ステートを使ってまともに動くようにしましょう。App関数を以下のように修正してください。

リスト2-10

```
// import {useState} from 'react' //追記する

function App(props) {
  const [counter, setCounter] = useState(0)
  const doClick = ()=> {
    setCounter(counter + 1)
  }
  return (
    <div className="App">
      <h1 className={props.color}>{props.title}</h1>
      <p className={props.color,"clickable"}
```

```
        onClick={doClick}>counter: {counter}.</p>
    </div>
  )
}
```

図 2-6　クリックすると数字が増えるようになった

　今度は、「counter: 0.」の表示をクリックすると、数字が1, 2, 3……と増えていくようになります。ステートを利用することで、カウントする数字を保管し、操作できるようになったのです。

ステートフックの使い方

　では、ここで行っている処理がどうなっているのか見てみましょう。ここでは、以下のようにしてステートフックを呼び出しています。

```
const [counter, setCounter] = useState(0)
```

　useState(0)で、初期値がゼロのステートが作成されます。ゼロということは、これは「整数の値を保管するステート」が作られるわけですね。そしてcounterにはステートの値が代入され、setCounterにはステートを変更する関数が代入されました。
　数字をカウントする処理は、doClick関数で行っています。これは以下のように定義されています。

```
const doClick = ()=> {
  setCounter(counter + 1)
}
```

　関数内で、setCounterを呼び出しています。引数には、counter + 1が指定されています。これで、counterを1増やした値がステートに設定されるようになります。

こうして定義された doClick 関数は、<p>タグに onClick={doClick} というようにして設定され、クリックしたら呼び出されるようになりました。

イベントの属性に関数を割り当てる場合、この例のように {} を使って関数を指定します。テキストとして割り当てたり、あるいは () をつけて関数を呼び出したりしてはいけません。

```
○      onClick={doClick}
×      onClick={doClick()}
×      onClick="doClick"
```

また、イベント属性は onClick と on の後に大文字で始まるイベントの種類がついた名前になります。onclick や OnClick では正しく認識しないので注意してください。

ステートはその場で表示を更新する

これで、クリックすると doClick が呼び出され、その中で setCounter でステートの値が変更される、という処理ができました。けれど、ちょっと待ってください。値を変更した counter は、どうやって表示を更新するのでしょうか。

これは、更新する必要はないのです。これがステートの大きな特徴です。ステートの値は、{} で JSX に埋め込んでおくと、値が更新されれば自動的に表示も更新されます。プログラマが更新の処理を実装する必要はありません。

何らかのイベントが発生してコンポーネントが更新される必要が生じると、React はそのコンポーネントの更新する要素を新しく生成し直します。そしてすべての表示が完成したところで仮想 DOM から実際の Web ページに組み込まれます。要するに、何かある度にコンポーネントはすべて作り直されている、と考えればいいでしょう。この仕組みにより、更新されたステートは常に最新の値で表示されるのです。

NEXT. フォームを使う

ユーザーからの入力に用いられるのは、フォームです。フォームの利用方法は、一般的な Web ページと React では大きく違います。一般的な Web ページの場合、フォームを送信するとサーバー側でその内容を受け取って処理します。React の場合、ステートを使ってフォームの入力値を管理するのです。

では、実際に簡単なフォームを作成して、どのように利用するのか見てみましょう。まず、フォーム用にスタイルクラスを用意しておきます。App.css を開き、以下を追記してください。

リスト2-11

```
input {
  margin:5px;
  padding: 5px;
}
button {
  margin:5px;
  padding: 5px 15px;
}
```

　では、コンポーネントを修正しましょう。App.jsを開き、App関数の内容を以下のように修正してください。

リスト2-12

```
function App(props) {
  const [input, setInput] = useState("")
  const [message, setMessage] = useState("お名前は？")
  const doInput = (event)=> {
    setInput(event.target.value)
  }
  const doClick = ()=> {
    setMessage("こんにちは、" + input + "さん！")
  }
  return (
    <div className="App">
      <h1 className={props.color}>{props.title}</h1>
      <p className={props.color, "clickable"}>{message}</p>
      <div>
        <input type="text" onChange={doInput} />
        <button onClick={doClick}>Click</button>
      </div>
    </div>
  )
}
```

Chapter 1
Chapter 2
Chapter 3
Chapter 4
Chapter 5
Chapter 6
Chapter 7
Chapter 8
Addendum

図 2-7 フィールドに名前を書いてボタンを押すとメッセージが表示される

　ここでは入力フィールドとボタンが1つずつあるフォームが用意されています。フィールドに名前を記入し、ボタンをクリックすると、「こんにちは、〇〇さん！」とメッセージが表示されます。ごく単純なものですが、フォームの基本的な使い方を学ぶには十分なサンプルでしょう。

処理の流れを整理する

　では、関数でどのようなことを行っているのか見ていきましょう。ここでは、まず冒頭で2つのステートを作成しています。

```
const [input, setInput] = useState("")
const [message, setMessage] = useState("お名前は？")
```

　1つ目の [input, setInput] に取得しているのは、フィールドに入力したテキストを管理するためのものです。そして2つ目の [message, setMessage] は、表示するメッセージを管理するためのものです。

　ステートが用意できたら、次に行っているのは、コントロールのイベントに割り当てるための関数の用意です。ここでは以下の2つの関数を用意しています。

●<input>のonChangeイベント用

```
const doInput = (event)=> {
  setInput(event.target.value)
}
```

doInputは、<input>のonChangeイベントで使うものです。これは、フィールドの値が変更されると発生します。ここでは、setInput(event.target.value)として、イベントが発生したフィールドの値をinputステートに設定しています。つまり、フィールドにテキストを入力すると、その値がリアルタイムにinputステートに保管されるようにしているのですね。

●<button>のonClickイベント用

```
const doClick = ()=> {
  setMessage("こんにちは、" + input + "さん！")
}
```

もう1つのdoClickは、<button>のonClickイベントで使います。つまりボタンをクリックしたときに実行する処理というわけですね。ここでは、setMessage("こんにちは、" + input + "さん！")として、inputを使ったメッセージをmessageステートに設定しています。これにより、表示されるメッセージが更新されるようにしていたのですね。

　これで基本的な処理はできました。後はreturnするJSXの中でフォームを用意しておくだけです。ここでは以下のように記述してあります。

```
<div>
  <input type="text" onChange={doInput} />
  <button onClick={doClick}>Click</button>
</div>
```

onChangeとonClickのそれぞれに先ほどの関数を割り当てているのがわかるでしょう。これで入力した値がリアルタイムにステートに保存され、ボタンをクリックするとメッセージのステートが更新されて表示が変わる、という処理の完成です。

　この例を見ればわかるように、フォームの利用は「入力した値のステート管理」と「操作したイベントの処理」を組み合わせて作成されます。

Chapter 1
Chapter 2
Chapter 3
Chapter 4
Chapter 5
Chapter 6
Chapter 7
Chapter 8
Addendum

副作用フックについて

ステートを扱うためのフック（ステートフック）はReactコンポーネントのもっとも重要な機能ですが、このほかにも実は「フック」はあります。それは「副作用フック」と呼ばれるものです。

副作用フックというのは、コンポーネントの更新時に自動的に処理を実行させるためのものです。これは、「useEffect」という関数として用意されています。これを利用する場合は、以下のようにimport文を用意しておく必要があります。

```
import {useState, useEffect} from 'react'
```

このuseEffectは、以下のような形で記述します。

```
useEffect(関数, [ステート])
```

第1引数には、実行する関数を用意します。これは通常、アロー関数を使って値として記述します。第2引数には、この副作用フックが適用されるステートを配列で指定します。これにより、そのステートが更新されると第1引数の関数が実行されるようになります。

第2引数は、省略することもできます。その場合、すべての更新で副作用フックが実行されるようになるため、場合によってはかなり頻繁に呼び出されたり、何度も繰り返し処理が実行されるようなことにもなりかねません。特別な理由がない限り、第2引数で「どのステートが更新されたら呼び出すか」を明示的に指定しておくのが基本と考えてください。

副作用フックで値をチェックする

では、実際に副作用フックを利用した例をあげておきましょう。数値を入力するフィールドを用意し、入力した値が素数かどうかをリアルタイムにチェックして表示させてみます。App.jsのApp関数を以下のように修正してください。なお、importを修正してuseEffectをインポートするのを忘れないように。

リスト2-13
```
// import {useState, useEffect} from 'react' // 修正

function App(props) {
  const [input, setInput] = useState(1)
  const [message, setMessage] = useState("整数を入力:")

  const doInput = (event)=> {
```

```
      setInput(event.target.value)
  }

  useEffect(()=> {
    var prime = true
    if (input == 1) {
      prime = false
    } else {
      for(var i = 2;i <= input / 2;i++) {
        if (input % i === 0) {
          prime = false
          break
        }
      }
    }
    setMessage(prime ? "※素数です。" : "素数ではない。")
  }, [input])

  return (
    <div className="App">
      <h1 className={props.color}>{props.title}</h1>
      <p className={props.color, "clickable"}>{message}</p>
      <div>
        <input type="number" min="1" onChange={doInput} />
      </div>
    </div>
  )
}
```

図 2-8 数値を入力すると素数かどうかが表示される

　ここでは整数を入力するフィールドが1つだけ用意されています。ここに整数を入力すると、フィールドの上に素数かどうかが表示されます。ここでは副作用フックを使い、入力された値が素数かどうかを調べて表示する処理を行っています。

処理の流れを整理する

　では、関数で行っていることを整理していきましょう。まず最初に、必要なステートフックを作成しておきます。ここでは入力フィールドの値と表示メッセージのステートを用意しています。

```
const [input, setInput] = useState(1)
const [message, setMessage] = useState("整数を入力:")
```

　inputステートには初期値に1を指定しておきました。messageには入力を促すテキストを指定しておきます。
　続いて、入力フィールドの値が変更されたときのイベント処理を行うdoInput関数を作成しています。これは、先にリスト2-12で作成したのと同じですね。

```
const doInput = (event)=> {
  setInput(event.target.value)
}
```

　その後にあるのが、副作用フックのuseEffect関数です。これは、引数に関数を記述している関係で、かなり長いものになっています。全体を整理すると、このようになっていることがわかるでしょう。

```
useEffect(()=> {
  var prime = true
  ……素数判定の処理……
  setMessage(prime ? "※素数です。" : "素数ではない。")
}, [input])
```

　素数を判定の処理を行って、素数ならばprimeがtrueに、そうでないならfalseになるようにしています。そして最後にprimeの値に応じたメッセージをsetMessageで設定しています。
　useEffect内でsetMessageでメッセージを設定しているということは、この副作用フックの処理はmessageステートの更新では呼び出されないようにする必要があります(そうしないと、useEffect内でsetMessageでメッセージを更新したら更にuseEffectが呼び出され……というように何度も呼び出し続けることになってしまいます)。そこで、useEffectの第

2引数に [input] と値を用意し、inputステートが更新されたときだけ呼び出されるようにしておきます。

　このように、副作用ステートは「どのステートが更新されたときに実行するか」をきちんと指定しておく必要があります。複数のステートを作成している場合、「副作用フック内で使っているステートは除外する」ということを理解しておきましょう。

Chapter
1

Chapter
2

Chapter
3

Chapter
4

Chapter
5

Chapter
6

Chapter
7

Chapter
8

Addendum

Section 2-3 コンポーネントの活用

NEXT. データの一覧表示

Reactコンポーネントの基本的な使い方は、だいたいわかってきました。後は、さまざまな用途に応じた処理の仕方やJSXの書き方を覚えていけば、十分実用レベルで使えるコンポーネントを作れるようになるでしょう。

まずは、「データの扱い」についてです。あらかじめ多数のデータを用意しておき、それをリストやテーブルで一覧表示する、ということはよくあります。このようなとき、どうやってデータを表示すればいいのでしょうか。

JSXには、繰り返し表示するような構文はありません。ただし、{}を使ってJavaScriptのコードを記述し表示させることはできます。この機能を利用し、配列の「map」メソッドを使って表示を作成すればいいのです。

```
《配列》.map((《引数》)=>{
    return 《JSX》
})}
```

mapメソッドは、引数に関数を指定します。これは通常、アロー関数を使って記述するのが一般的でしょう。mapは、配列から順にキー（インデックス番号）と値を取り出して引数の関数を呼び出します。取り出したキーと値は、そのままアロー関数に引数として渡されます。これらの値を元に、データの表示をJSXで作成しreturnすればいいのです。

データを<ul>でリスト表示する

では、実際の利用例をあげておきましょう。ここでは配列として用意したデータを<ul>でリストにして表示してみましょう。

まず、リストの表示を設定するスタイルクラスを用意しておきます。App.cssを開き、以下のように追記をしてください。

リスト2-14

```
ul, ol {
  list-style-type: none;
  padding:0px;
}
li {
  text-align: left;
  font-size: 20px;
  padding:5px;
  margin:5px 20px;
  border: solid 2px lightgray;
  border-radius: 5px;
}
```

　続いて、App コンポーネントの修正です。データは、別に用意してもいいのですが、ここではわかりやすく App 関数内で作成することにしましょう。では、App 関数を以下のように書き換えてください。

リスト2-15

```
function App(props) {
  const data = [
    {name:"Taro", mail:"taro@yamada"},
    {name:"Hanako", mail:"hanako@flower"},
    {name:"Sachiko", mail:"sachico@happy"}
  ]

  return (
    <div className="App">
      <h1>{props.title}</h1>
      <ul>
      {data.map((item,key)=>{
        return(<li>{item.name} [{item.mail}]</li>)
      })}
      </ul>
    </div>
  )
}
```

Chapter 1
Chapter 2
Chapter 3
Chapter 4
Chapter 5
Chapter 6
Chapter 7
Chapter 8
Addendum

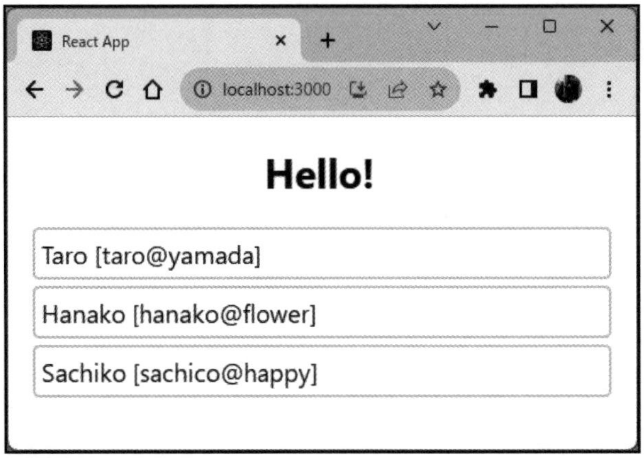

図 2-9 用意したデータをリスト表示する

ここでは、あらかじめ用意しておいたデータから名前とメールアドレスの値を取り出して
リスト表示しています。データは、以下のような形で作成してあります。

```
const data = [
  {name:"Taro", mail:"taro@yamada"},
  {name:"Hanako", mail:"hanako@flower"},
  {name:"Sachiko", mail:"sachico@happy"}
]
```

name と mail という値を持つオブジェクトの配列として用意しておきました。いくつかの
値を持つデータを扱う場合のもっとも基本的な形といっていいでしょう。

この定数 data の内容をリスト表示しているのが、return 内に記述した JSX の以下の部分
です。

```
<ul>
{data.map((item,key)=>{
  return(<li>{item.name} [{item.mail}]</li>)
})}
</ul>
```

<ul> ～ </ul> 内に {} で JavaScript の記述をしています。ここで、data.map で data の値を
繰り返し表示しています。引数に指定されている関数だけを抜き出すと、行っていることが
よくわかるでしょう。

```
(item,key)=>{
  return(
    <li>{item.name} [{item.mail}]</li>
```

```
  )
})
```

見やすいようにreturn内を改行してあります。これで何をしているのかわかりますね。引数で渡されたitemには、配列の各値が代入されています。その中から{item.name}や{item.mail}という形でnameとmailの値を取り出して<li> ～ </li>内に値を埋め込み表示していたのですね。

mapを使って配列の値を繰り返し表示するやり方がわかれば、多数のデータをきれいに整形し表示できるようになります。テーブルやリスト表示の基本として使い方を覚えておきましょう。

スタイルクラスの操作

コンポーネントの表示をCSSで操作する場合、class（JSXではclassName）とstyleの2つの属性が利用できます。

このうち、classの利用はとても簡単です。JSXでコンポーネントを作成する際に、className="hoge"というようにクラス名を指定するだけでいいのですから。クラスを操作したい場合は、ステートをclassNameに値として設定し、必要に応じてステートの値を更新すれば、ダイナミックに表示が変わるコンポーネントが作れます。

では、実際にやってみましょう。まずスタイルクラスを作成しておきます。App.cssを開き、以下のコードを追記してください。

リスト2-16

```css
.ClassA {
  font-size: 20px;
  font-weight: normal;
  border: solid 2px lightskyblue;
  padding: 10px;
  margin: 10px 50px;
}
.ClassB {
  font-size: 20px;
  font-weight: bold;
  color:white;
  background-color: darkblue;
  padding: 12px;
  margin: 10px 50px;
}
```

Chapter 1
Chapter 2
Chapter 3
Chapter 4
Chapter 5
Chapter 6
Chapter 7
Chapter 8
Addendum

　ここでは、ClassAとClassBという2つのスタイルクラスを定義しておきました。この2つのスタイルクラスを必要に応じて切り替えることにします。

　では、Appコンポーネントを修正しましょう。App.jsのApp関数を以下のように書き換えてください。

リスト2-17

```
function App(props) {
  var [flag,setFlag] = useState(true)

  const doClick = (event)=> {
    setFlag(!flag)
  }

  return (
    <div className="App">
      <h1>{props.title}</h1>
      <p className={flag ? "ClassA" : "ClassB"}>{flag ? "ON" : "OFF"} ↵
        です。</p>
      <button className="button" onClick={doClick}>
        Click
      </button>
    </div>
  )
}
```

図 2-10 クリックする度にメッセージの表示が切り替わる

ここではメッセージの下にボタンが1つ用意されています。ボタンをクリックする度に、上にあるメッセージのテキストとスタイルクラスがClassAとClassBの間で交互に切り替わります。

処理の流れを整理する

では、処理の流れを見てみましょう。ここでは、クラスを切り替えるためのboolean値を保管するステート「flag」を用意しています。

```
var [flag,setFlag] = useState(true)
```

続いて、ボタンをクリックしたときの処理を行うdoClick関数を以下のように定義しています。

```
const doClick = (event)=> {
  setFlag(!flag)
}
```

クリックする度にflagの値がtrue/falseで切り替わるようにしています。後は、このflagステートの値を元にメッセージのスタイルクラスが設定されるようにするだけです。

```
<p className={flag ? "ClassA" : "ClassB"}>{flag ? "ON" : "OFF"} です。</p>
```

{}を使い、flagの値がtrueかfalseかでclassNameとメッセージのテキストが変わるようにしています。このようにclassNameの値をステートで変更すれば、表示が変化するコンポーネントが作れるのです。

スタイルオブジェクトの利用

コンポーネントのスタイルを設定する属性には、classNameのほかに「style」もあります。classNameは単にスタイルクラスの名前をstring値で指定するだけでしたが、styleについては注意が必要です。

styleは、値をオブジェクトで設定する必要があるのです。このオブジェクトは、以下のような形になっています。

```
{
  スタイル名: 値,
  スタイル名: 値,
  ……
}
```

スタイル名は、基本的にCSSのスタイルの名前と同じです。ただし、ハイフンは使えないので、ハイフンを含む名前はキャメル記法（各単語の1文字目を大文字にする記法）に置き換えます。例えば、「font-size」ならば、「fontSize」と名前を指定します。

こうして必要なスタイルの設定をオブジェクトにまとめたら、これをJSXでstyle属性に設定すると、スタイルが設定されるようになります。

オブジェクトでスタイルを設定するという点が特殊ですが、この点さえきちんとわかっていれば、そう難しいものではありません。逆に、styleの各スタイルをテキストで作成するほうが面倒でしょう。

では、これも例をあげましょう。App.jsを開き、App関数を以下のように書き換えます。

リスト2-18

```
function App(props) {
  var [count, setCount] = useState(0)
  var [data, setData] = useState([
    {
      position:"absolute",
      left:"0px", top:"0px",
      width:"100%", height:"100%",
      backgroundColor:"#fff0",
    }
  ])

  const doClick = (event)=> {
    const ob = {
      position:"absolute",
      left:(event.pageX - 50) + "px",
```

```
        top:(event.pageY - 50) + "px",
        width:"100px",
        height:"100px",
        backgroundColor:"#ff000066",
        borderRadius: "50%"
      }
      data.push(ob)
      setCount(count + 1)
    }

    return (
      <div className="App">
        <h1>{props.title}</h1>
        <p>{count} objects.</p>
        <div onClick={doClick}>
        {data.map((item,key)=>{
          return(<div style={item} key={key}></div>)
        })}
        </div>
      </div>
    )
}
```

Chapter
1

Chapter
2

Chapter
3

Chapter
4

Chapter
5

Chapter
6

Chapter
7

Chapter
8

Addendum

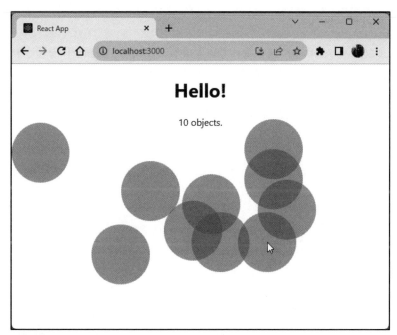

図 2-11 クリックすると赤い半透明の円が追加されていく

これは、スタイル設定した<div>を追加していくサンプルです。画面の適当なところをクリックすると、その場所に直径100pxの赤い半透明の円が追加されます。タイトルの下には、追加した円の個数が「○○ objects.」というように表示されます。

処理の流れ

ここでは、2つのステートを用意しています。countとclassNameです。countは、作成した図形の数をカウントするためのものです。

```
var [count, setCount] = useState(0)
```

まぁ、これはわかりますね。肝心なのは、もう1つのdataです。こちらは、スタイル情報のオブジェクトを配列にまとめたものを保管します。

```
var [data, setData] = useState([
  {
    position:"absolute",
    left:"0px", top:"0px",
    width:"100%", height:"100%",
    backgroundColor:"#fff0",
  }
])
```

初期値として、オブジェクトが1つ用意されていますね。これは、画面全体を覆う無色透明のスタイルです。画面全体を透明のオブジェクトで覆うことで、どこをクリックしてもこのエレメントがクリックされるようにしてあります。

後は、クリックしたときに呼び出されるdoClick関数でdataにオブジェクトを追加するだけです。

```
const doClick = (event)=> {
  const ob = {
    position:"absolute",
    left:(event.pageX - 50) + "px",
    top:(event.pageY - 50) + "px",
    width:"100px",
    height:"100px",
    backgroundColor:"#ff000066",
    borderRadius: "50%"
  }
  data.push(ob)
  setCount(count + 1)
}
```

　定数obを作成し、これにスタイル情報をまとめたオブジェクトが代入されるようにしています。そしてobをdataに追加し、setCountでカウンタの数字を1増やしています。

　ここでちょっとおもしろいのは、「setDataでスタイルオブジェクト配列のdataを更新していない」という点でしょう。dataには、pushメソッドでデータを追加していますから、別途setDataする必要がありません。

　ただし、そうなるとオブジェクトをdataに追加しても表示が更新されません。そこでsetCountでカウンタの表示を変更して表示を更新しています。

　スタイルの設定は、オブジェクトを作成するため、コードが長くなりがちです。ただし、1つ1つのスタイルの値をオブジェクトのプロパティとして操作できるため、細かな制御が行えるようになります。classNameによるクラス指定は大まかな変更しかできません。より細かなスタイルの操作はstyleで行う、と考えておきましょう。

NEXT. 複数コンポーネントの利用

　コンポーネントを利用する最大の利点は、表示する内容をそれぞれコンポーネントとして定義し、それらをJSXで組み合わせて全体の表示を作成できるという点です。

　複数コンポーネントを定義し組み合わせるのは簡単です。それぞれコンポーネントの関数を作成し、それらをそのままJSX内でタグとして記述するだけでいいのですから。例えば、こんな関数があったとしましょう。

```
function Hoge() {
    return (……)
}
```

　このコンポーネントは、他のコンポーネントの表示を作成するJSX内で、以下のように記述して組み込めます。

```
<Hoge />
```

　関数がそのままJSXのタグとして記述できるのです。これなら、複数のコンポーネントを組み合わせるのも簡単ですね。

　実際に、複数コンポーネントを組み合わせる例を作ってみましょう。App.jsのソースコードを以下に書き換えます。今回は全コードを掲載しておきます。

Chapter 1
Chapter 2
Chapter 3
Chapter 4
Chapter 5
Chapter 6
Chapter 7
Chapter 8
Addendum

```
import './App.css'

function Message(props) {
  return (
    <p className="ClassA">{props.message}</p>
  )
}

function Data(props) {
  return (
    <ul>
      {props.data.map((item,key)=>{
        return(<li key={key}>{item.name}</li>)
      })}
      </ul>
  )
}

function App(props) {
  const data = [
    {name:"Taro"},
    {name:"Hanako"},
    {name:"Sachiko"},
  ]

  return (
    <div className="App">
      <h1 className="ClassB">{props.title}</h1>
      <Message message="This is sample message!"/>
      <Data data={data}/>
    </div>
  )
}

export default App
```

図 2-12 Appコンポーネント内にMessageとDataのコンポーネントを組み込んで表示する

これで「Hello!」というタイトルの下にメッセージと3項目のリストが表示されます。メッセージはMessage、リストはDataというコンポーネントとして定義されています。これらをAppコンポーネントに組み込んで表示を作成しているのですね。

コンポーネントを呼び出す

では、AppコンポーネントのJSXによる表示部分で、MessageとDataのコンポーネントがどう使われているか見てみましょう。

```
<Message message="This is sample message!"/>
<Data data={data}/>
```

それぞれmessageとdataという属性が用意されています。messageには表示するメッセージが指定され、dataにはあらかじめ用意しておいたデータの配列dataが指定されています。

これらのコンポーネントでは、以下のようにして属性の値を使い表示を作っています。

●message属性を表示する

```
function Message(props) {
  return (
    <p className="ClassA">{props.message}</p>
  )
}
```

●**data属性の配列の内容を繰り返し表示する**

```
function Data(props) {
  return (
    <ul>
      {props.data.map((item,key)=>{
        return(<li key={key}>{item.name}</li>)
      })}
      </ul>
  )
}
```

　既に説明済みの機能ですからコードをよく読めばやっていることはすぐにわかるでしょう。引数に渡されるpropsからmessageやdataのプロパティを取り出し、これらを使って表示を作成しているのがわかりますね。引数propsを利用した値の受け渡し方法も既に説明済みです。このようにすれば、必要な情報を渡してコンポーネントを作成し組み込むことができます。

⬡ NEXT. グローバル変数によるデータの共有　　NEXT.

　複数のコンポーネントを利用する場合、考えておかないといけないのが「コンポーネント間でのデータ共有」です。ステートは、それぞれのコンポーネント内でのみ利用可能です。したがって、異なるコンポーネント間で値を共有することはできません。また属性とpropsを使った値の受け渡しは、コンポーネントが作成されるときに一度きりしか使えません。

　では、どうやってコンポーネント間でデータを共有すればいいのでしょうか。この問題の解決法は、実は意外と単純です。ReactもJavaScriptであり、Webページが読み込まれたらその場でスクリプトを実行して動いています。つまり、JavaScriptの基本的な機能はすべて使えるのです。

　ならば、グローバル変数として値を保管したり、ローカルストレージを使ってデータを保管することも問題なくできることになります。これらを利用すれば、コンポーネント間でデータを共有することも簡単に行えます。

　実際に、グローバル変数を使ってコンポーネントを動かす例をあげておきましょう。App.jsのコードを以下に書き換えてください。今回も全コードを掲載してあります。

リスト2-20

```
import './App.css'
import {useState} from 'react'

var data = {
```

```
    data: [
      {name:"Taro"},
      {name:"Hanako"},
      {name:"Sachiko"}
    ],
    message: "Hello",
}

function Message() {
  return (
    <p className="ClassA">{data.message}</p>
  )
}

function Data() {
  return (
    <ul>
      {data.data.map((item,key)=>{
        return(<li key={key}>{item.name}</li>)
      })}
      </ul>
  )
}

function App(props) {
  var [input, setInput] = useState("")

  const doChange = (event)=> {
    setInput(event.target.value)
  }
  const doClick = ()=> {
    data.data.push({name:input})
    data.message = "you typed: \"" + input + "\"."
    setInput("")
  }

  return (
    <div className="App">
      <h1 className="ClassB">{props.title}</h1>
      <Message />
      <div>
        <input onChange={doChange} value={input}/>
        <button onClick={doClick}>Click</button>
        </div>
      <Data />
```

```
    </div>
  )
}


export default App
```

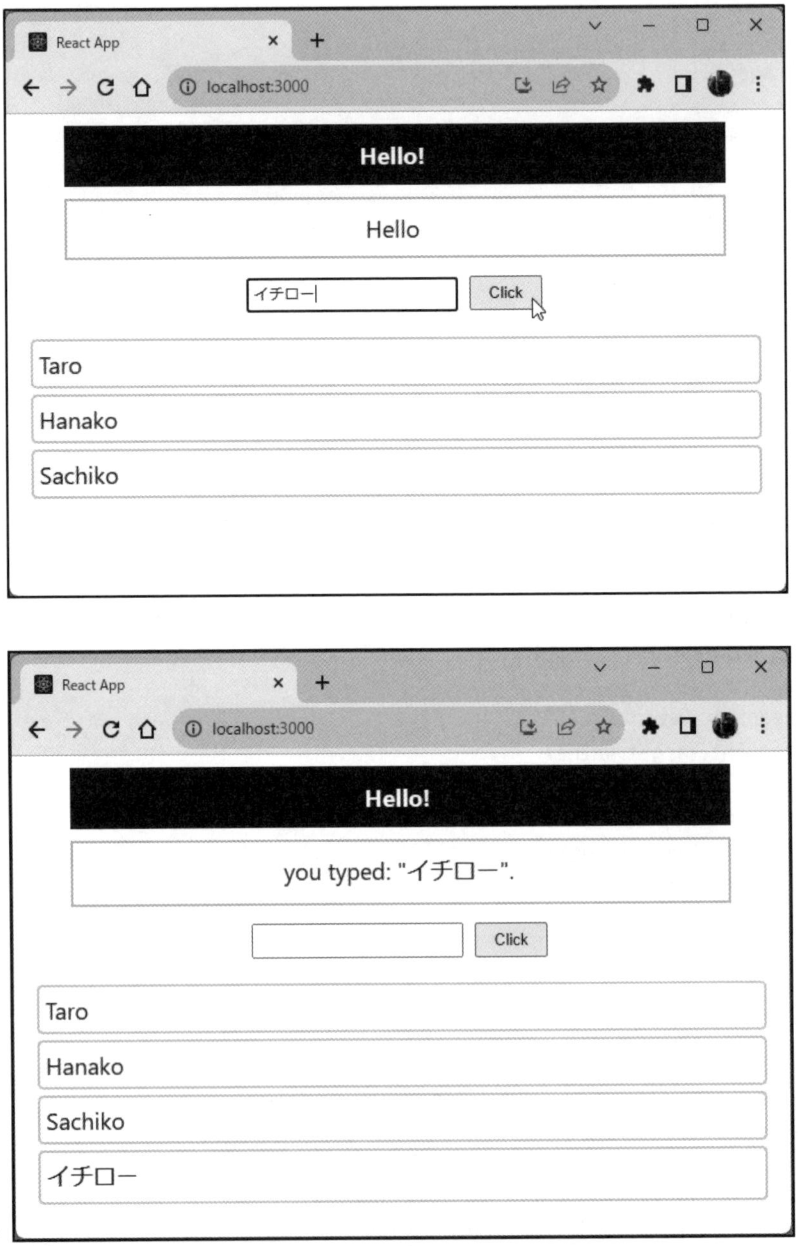

図 2-13　Message と Data コンポーネントを組み合わせてある。名前を書いてボタンを押せば、Data コンポーネントにデータが追加される

　ここではMessageとDataコンポーネントのほかに、入力フィールドとボタンを追加しておきました。名前をフィールドに書いてボタンをクリックすると、リストに名前が追加されます。

　ここでは、冒頭でdataというグローバル変数を定義しておき、その中身を各コンポーネントから呼び出して使うようにしています。例えば、ボタンをクリックしてデータを追加する処理を見てみましょう。

```
const doClick = ()=> {
  data.data.push({name:input})
  data.message = "you typed: \"" + input + "\"."
  setInput("")
}
```

　data.dataにオブジェクトをpushして追加し、data.messageのメッセージを変更し、そしてinputステートを更新します。inputの更新によりすべてのコンポーネントの表示が更新され、dataに追加した値が表示されるようになります。

　こんな具合に、グローバル変数を利用すれば、少なくともそのページに組み込まれているコンポーネント内ではデータを共有することができるようになります。

関数コンポーネントとステートがわかればOK

　以上、Reactのコンポーネントについてざっと説明をしました。コンポーネントには、まだまだ機能があります。まず、クラスを使ったコンポーネントというものもありますし、自分で独自のフックを作成するようなこともできます。

　ただし、「Reactのコンポーネントを使えるようになる」という目的からすれば、ここまでの説明が一通りわかれば、もう十分でしょう。Reactコンポーネントのポイントは、「関数コンポーネントとステート」です。この2つがわかれば、Reactのコンポーネントは使えるようになります。

　Reactについてもっと深く知りたいという人もいることでしょうが、本書の目的はReactの探求ではなく「Next.jsの学習」です。Reactコンポーネントについてだいたいわかったところで、Next.jsに戻って学習を続けることにしましょう。

Next.jsページの作成

Next.jsのページは、Reactコンポーネントをベースにしていますが、レイアウトやスタイルの設定が独特です。またReactと異なり複数のページを作成して移動することができます。こうしたページ作成の基本についてここで説明しましょう。

ポイント

▶ Tailwind CSS を使ったスタイルクラスの設定法を
  覚えましょう。
▶ ファイルシステムベースのルーティングに
  ついて理解しましょう。
▶ CSS モジュールや Styled JSX の使い方を学びましょう。

Reactベースの
コンポーネント

Section
3-1

Chapter
1

Chapter
2

Chapter
3

Chapter
4

Chapter
5

Chapter
6

Chapter
7

Chapter
8

Addendum

NEXT. Next.jsのページとコンポーネント構成

では、Next.jsの学習を始めることにしましょう。Chapter-1で、Next.jsのプロジェクトを作成しましたね。(「sample_next_app」プロジェクト)。これ以降は、このプロジェクトを使います。Visual Studio Codeで「sample_next_app」フォルダーを開いておきましょう。またターミナルも「sample_react_app」フォルダーに場所がある場合は、「cd..」「cd sample_next_app」とコマンドを実行して場所を移動しておいてください。

前章でReactプロジェクトについて説明をしましたが、ReactとNext.jsではファイルなどの構成が違っています。表示するWebページを構成するファイルは、「src」フォルダー内の「app」フォルダーにある以下のものでした。

layout.tsx	ページ全体のレイアウトを作成するもの。
page.tsx	トップページで表示するコンテンツ。

layout.tsxは、このWebアプリケーションに用意されるすべてのページで共通して使われるレイアウトファイルです。そしてpage.tsxが、「app」フォルダー(アプリケーションのルート)のページのコンテンツとなるものになります。

layout.tsxとpage.tsxを組み合わせてページを作成している――この基本をまずはしっかりと理解しておきましょう。

page.tsxを作成する

では、実際にpage.tsxの内容を書き換えてページの表示をカスタマイズしてみましょう。デフォルトではけっこう長いJSXが書かれていたので、思いっきりシンプルにしてみます。「src\app」内にある「page.tsx」を開き、その内容を以下のように書き換えてください。

リスト3-1
```
export default function Home() {
  return (
    <main>
      <h1>Next.js sample.</h1>
      <p>This is sample application.</p>
    </main>
  )
}
```

図 3-1　実行すると、このような表示が現れた

　見ればわかるように、\<h1\>と\<p\>だけのシンプルなコンポーネントです。このように修正し、ターミナルから「npm run dev」コマンドを実行してアプリケーションをデバッグ実行しましょう。そしてhttp://localhost:3000/にアクセスすれば、Webページが表示されます。

　ちゃんとコンポーネントの内容が表示されたでしょうか。表示はされたけれど、ちょっと想像とは違う表示になっていたかもしれません。なぜか、背景がグレーから白へグラディエーションした状態で表示されていることでしょう。

　これは、デフォルトで用意されているサンプルのページでこのようにスタイルが設定されているためです。

背景を白にする

　では、スタイルを修正して背景を白一色にしましょう。スタイルの設定は、「src\app」内にある「global.css」というスタイルシートファイルに記述されています。このファイルは、アプリケーション全体に適用されるスタイルシートを記述するためのものです。

　この中から、以下の部分を探してください。

リスト3-2
```
:root {
  --foreground-rgb: 0, 0, 0;
  --background-start-rgb: 214, 219, 220;
```

```
    --background-end-rgb: 255, 255, 255;
}

@media (prefers-color-scheme: dark) {
  :root {
    --foreground-rgb: 255, 255, 255;
    --background-start-rgb: 0, 0, 0;
    --background-end-rgb: 0, 0, 0;
  }
}


body {
  color: rgb(var(--foreground-rgb));
  background: linear-gradient(
      to bottom,
      transparent,
      rgb(var(--background-end-rgb))
    )
    rgb(var(--background-start-rgb));
}
```

　最初の :root {……} の部分がルートのクラスを定義している部分、次の @media 〜の部分はダークテーマの際のクラス定義の部分です。その後にある body {……} の部分で、<body>にスタイルを設定しています。

　グラディエーションしてしまうのは、:root のところにある --background-start-rgb と --background-end-rgb にそれぞれ異なる色が設定されているからです。これにより、body の部分で2つの色をグラディエーションするように背景色が設定されています。

　body 部分を修正してもいいのですが、そうすると簡単に背景をグラディエーションできる記述がなくなってしまうのでちょっともったいないですね。そこで、最初にある :root の色を調整してすべて白に表示されるようにしておきましょう。

リスト3-3

```
:root {
  --foreground-rgb: 0, 0, 0;
  --background-start-rgb: 255, 255, 255;
  --background-end-rgb: 255, 255, 255;
}
```

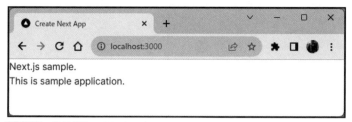

図 3-2 背景が白一色になった

このように:rootの部分を修正してください。これで、白から白へグラディエーションするようになり、背景がすべて白一色になります。

フォントと余白を調整する

続いて、表示されているテキストについても調整しましょう。<h1>も<p>も同じスタイルで表示されるのはちょっと困りますね。Next.jsのページでは、デフォルトですべてのテキストが同じフォントサイズ、スタイルになるようにスタイル設定されています(これは後述のTailwind CSSというフレームワークを利用しているためです)。そこで、表示している<h1>と<p>にクラスを設定して表示するテキストのサイズやスタイルを調整しておきましょう。

page.tsxのHome関数の部分(export default function Home() {……}の部分)を以下のように修正してください。

リスト3-4
```
export default function Home() {
  return (
    <main>
      <h1 className="text-2xl m-5">Next.js sample.</h1>
      <p className="text-lg m-5">This is sample application.</p>
    </main>
  )
}
```

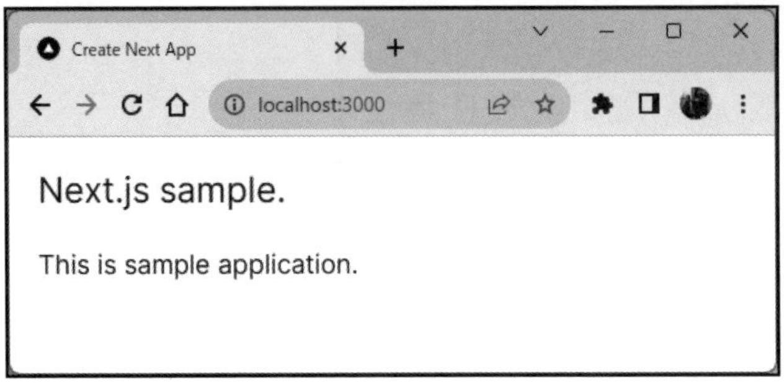

図 3-3　タイトルとメッセージのフォントサイズが調整された

　これでタイトルとメッセージがそれぞれフォントサイズを調整して表示されるようになりました。また周囲にも余白が用意され、見やすくなっています。

Tailwind CSSのクラスを使う

　では、ここでどのようにしてスタイルクラスが設定されているのか見てみましょう。<h1>と<p>にはそれぞれ以下のようにスタイルクラスが設定されています。

```
<h1 className="text-2xl m-5">
<p className="text-lg m-5">
```

　あまり見たことのないクラスが使われていますが、これらは「Tailwind CSS」というCSSフレームワークのクラスです。text-2xlとtext-lgはテキストのフォントの大きさを指定し、m-5は周囲の余白の幅を指定しています。

Tailwind CSSの主なクラス

　このTailwind CSSは、モダンWebサイトのデザインを簡単に作成できるCSSフレームワークです。デフォルトで多数のクラスが定義されており、それらを指定するだけで基本的なデザインが作成できます。

　classNameを指定していない状態だと、すべてのテキストが同じ大きさで表示されていましたね。これは、Tailwind CSSを利用している影響です。Tailwind CSSは、表示する要素のスタイルを個々に指定することで統一感あるデザインとなるように設計されています。従って、Tailwind CSSを組み込んだNext.jsを利用する場合は、Tailwind CSSの基本的なクラス類について知っておく必要があります。

　用意されている機能すべてを理解するのは大変ですが、主なクラスだけ覚えておけば、それで十分Tailwind CSSの恩恵にあずかることができます。ここで主なものを簡単にまとめておきましょう。

●フォントサイズ関係

text-xs
text-sm
text-base
text-lg
text-xl
text-整数xl

　上から下に進むに連れサイズが大きくなっていきます。text-xsはもっとも小さいもので、だいたい12px程度になります。最後の「text-整数xl」は、数字の部分に2～9の整数が指定されます。text-2xlは24px程度、text-9xlは128px程度になります。

●フォントスタイル

italic	イタリックにする
not-italic	イタリックにしない

●フォントウェイト（太さ）

font-thin	font-weight: 100
font-extralight	font-weight: 200
font-light	font-weight: 300
font-normal	font-weight: 400
font-medium	font-weight: 500
font-semibold	font-weight: 600
font-bold	font-weight: 700
font-extrabold	font-weight: 800
font-black	font-weight: 900

Chapter 1
Chapter 2
Chapter 3
Chapter 4
Chapter 5
Chapter 6
Chapter 7
Chapter 8
Addendum

●**テキストの位置揃え**

text-left	左揃え
text-center	中央揃え
text-right	右揃え
text-justify	両端揃え
text-start	開始位置揃え
text-end	終了位置揃え

●**パディング**

p-0 ～ p-96	周囲のパディングを指定のピクセル数だけ取る
px-0 ～ px-96	横方向のパディングを指定ピクセル数だけ取る
py-0 ～ py-96	縦方向のパディングを指定ピクセル数だけ取る
pt-0 ～ pt-96	上のパディングを指定ピクセル数だけ取る
pb-0 ～ pb-96	下のパディングを指定ピクセル数だけ取る
pl-0 ～ pl-96	左のパディングを指定ピクセル数だけ取る
pr-0 ～ pr-96	右のパディングを指定ピクセル数だけ取る

●**マージン**

m-0 ～ m-96	周囲のマージンを指定のピクセル数だけ取る
mx-0 ～ mx-96	横方向のマージンを指定ピクセル数だけ取る
my-0 ～ my-96	縦方向のマージンを指定ピクセル数だけ取る
mt-0 ～ mt-96	上のマージンを指定ピクセル数だけ取る
mb-0 ～ mb-96	下のマージンを指定ピクセル数だけ取る
ml-0 ～ ml-96	左のマージンを指定ピクセル数だけ取る
mr-0 ～ mr-96	右のマージンを指定ピクセル数だけ取る

●**横幅**

w-0 ～ w-96	指定ピクセル数の幅にする
w-auto	自動調整

Chapter 1
Chapter 2
Chapter 3
Chapter 4
Chapter 5
Chapter 6
Chapter 7
Chapter 8
Addendum

w-min	最小幅
w-max	最大幅
w-full	100%幅
w-fit	最適幅

●高さ

h-0 ～ h-96	指定ピクセル数の高さにする
h-auto	自動調整
h-min	最小の高さ
h-max	最大の高さ
h-full	100%の高さ
h-fit	最適な高さ

●テキスト色／背景色

text-色-50 ～ text-色-950
bg-色-50 ～ bg-色-950

　テキストや背景の色は、textまたはbgの後に色名と色の値をハイフンでつなげて記述します。例えば、「text-red-500」といった具合です。最後の数値は以下のいずれかを指定します。

50, 100, 200, 300, 400, 500, 600, 700, 800. 900, 950

　数字が小さいほど明るく薄くなり、大きくなるほど暗く濃くなっていきます。色名はred, green, blueといった基本的な色の他、orangeやlimeなどよく色として使われる値がいろいろとサポートされています。

●ボーダー

　ボーダーは、スタイル、ボーダー幅、ボーダー色などを個別にクラスを用意することで作成します。

●スタイル

border-solid	一重線
border-dashed	破線
border-dotted	点線
border-double	二重線
border-hidden	非表示
border-none	なし

●ボーダー幅

border-0 ～ 8	ボーダーの幅。数値は0, 2, 4, 6, 8のいずれかを指定
border-x-0 ～ 8	ボーダーの横方向の幅
broder-y-0 ～ 8	ボーダーの縦方向の幅
broder-t-0 ～ 8	ボーダーの上部の幅
broder-b-0 ～ 8	ボーダーの底部の幅
broder-l-0 ～ 8	ボーダーの左側の幅
broder-r-0 ～ 8	ボーダーの右側の幅

●ボーダー色

border-色-50 ～ border-色-950

色と整数の指定は、テキスト色や背景色と同じです。

●角の丸み

rounded-none
rounded-sm
rounded
rounded-md
rounded-lg
rounded-xl
rounded-2xl
rounded-3xl

角の丸みは、roundedの後に大きさを表す語をハイフンでつなげます。上にあるものがもっとも丸みが小さく（-noneはゼロ）、下にいくほど丸みの幅が大きくなります。

●テーブルレイアウト

table-fixed	固定幅のテーブル
table-auto	自動調整幅のテーブル

テーブルは、<table>のclassNameにこれらのクラスを指定することで自動的にデザインされます。

フォームを利用する

では、Next.jsでコンポーネントを作って動かしてみましょう。フロントエンドで動くコンポーネントは、Reactの機能をそのまま使うことができましたね。では復習も兼ねて、簡単なReactベースのコンポーネントを作ってみましょう。「page.tsx」を開き、以下のように記述してください。

リスト3-5

```
'use client'

import { useState } from 'react'

export default function Home() {
  var [input, setInput] = useState("")
  var [message, setMessage] = useState("your name:")

  const doChange = (event)=> {
    setInput(event.target.value)
  }
  const doClick = ()=> {
    setMessage("Hello, " + input + "!!")
    setInput("")
  }

  return (
    <main>
      <h1 className="text-2xl m-5 text-red-500">Next.js sample.</h1>
      <p className="text-lg m-5">{message}</p>
      <div className="m-5">
```

Chapter 1
Chapter 2
Chapter 3
Chapter 4
Chapter 5
Chapter 6
Chapter 7
Chapter 8
Addendum

```
        <input type="text" onChange={doChange} value={input}
          className="p-1 border-solid border-2 border-gray-400"/>
        <button onClick={doClick}
          className="px-7 py-2 mx-2 bg-blue-800 text-white rounded-lg">
          Click</button>
      </div>
    </main>
  ) // ☆returnの終わり
}
```

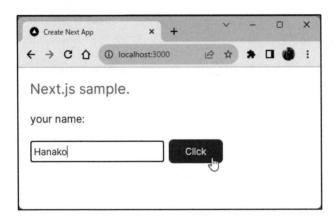

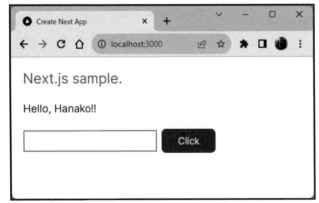

図 3-4　入力フィールドに名前を書いてボタンを押すとメッセージが表示される

　ここでは、入力フィールドとボタンのあるコンポーネントを作成しました。フィールドに
名前を書いてボタンをクリックすると、上に「Hello, ○○!!」とメッセージが表示されます。
ごく簡単なものですが、Reactベースのコンポーネントが Next.js でどう使われるかの参考
になるでしょう。

作成したコードのポイント

　では、コードを見ながらポイントをチェックしていきましょう。まず、冒頭に見慣れない文が書かれていますね。

```
'use client'
```

　これは、Reactのステートなどの機能を利用する場合、必ず書かないといけないものと考えてください。これは、このコンポーネントが「クライアントコンポーネント」であることを示す記述です。クライアントコンポーネントなどについては後ほど改めて説明しますので、ここでは「Reactのステートを使うときは'use client'と書いておく」とだけ覚えておいてください。

　続いて、Reactのステートフックを使うためのimport文です。

```
import { useState } from 'react'
```

　見ればわかる通り、Reactのプロジェクトで使ったのと全く同じですね。Next.jsでは、Reactのモジュールをそのまま利用できることがわかります。

　その後にステートやイベント処理のための関数などが記述されています。この部分ですね。

```
var [input, setInput] = useState("")
var [message, setMessage] = useState("your name:")

const doChange = (event)=> {
  setInput(event.target.value)
}
const doClick = ()=> {
  setMessage("Hello, " + input + "!!")
  setInput("")
}
```

　これらは、既にReactコンポーネントの説明で何度も登場したものですから改めて説明するまでもないでしょう。入力フィールドの値を保管するinputステートと、表示するメッセージを保管するmessageステートを作成してあります。そして<input>てテキストを入力したらdoChangeが、またボタンをクリックしたらdoClickが呼び出され、これらの処理が実行されるようにしています。

　注意したいのは、<input>と<button>の表示です。これらも、デフォルトのままでは何も表示されません。Tailwind CSSのクラスを指定することで表示が作られるようになっています。それぞれのclassNameがどうなっているか見てみましょう。

●**<input>のスタイルクラス**

```
className="p-1 border-solid border-2 border-gray-400"
```

●**<button>のスタイルクラス**

```
className="px-7 py-2 mx-2 bg-blue-800 text-white rounded-lg"
```

1つ1つのクラスを見ていくとわかりますが、入力フィールドならばフィールドの輪郭線を、またボタンならば内部の塗りつぶしと角の丸みをそれぞれクラスとして指定し、表示を作成しています。Tailwind CSSでは、フォームのコントロール類などもすべて表示を自分で指定して作っていく必要があります。

クラスを定義する

これでReactの機能を使ったコンポーネントが使えるようになりました。ただ、実際に使ってみると、各表示のclassNameの指定が思った以上に面倒くさいことに気がついたことでしょう。このまま、なにか表示する度にclassNameに延々とクラスを記述していくのはちょっと面倒です。そこで、よく利用する内容をクラスとして定義しておくことにしましょう。

「src\app」内には、「global.css」というスタイルシートファイルが用意されていましたね。これを開いてください。そして、以下のコードを追記しておきます。

リスト3-6

```css
.title {
  @apply text-2xl m-5 text-red-500;
}
.msg {
  @apply text-lg m-5 text-gray-900;
}
.input {
  @apply p-1 border-solid border-2 border-gray-400 rounded-sm;
}
.btn {
  @apply px-7 py-2 mx-2 bg-blue-800 text-white rounded-lg;
}
```

これは、title, msg, input, btnといったクラスを定義するものです。これでコンポーネントに表示する要素のクラスが定義されました。

では、これらのクラスを利用するようにHomeコンポーネントを書き換えましょう。

page.tsxのHome関数で、return(……)の部分(return(から// ☆returnの終わりまでの部分)を以下のように書き換えてください。

リスト3-7

```
return (
  <main>
    <h1 className="title">Next.js sample.</h1>
    <p className="msg">{message}</p>
    <div className="m-5">
      <input type="text" onChange={doChange} value={input}
        className="input"/>
      <button onClick={doClick}
        className="btn">
        Click</button>
    </div>
  </main>
)
```

これで、global.cssに用意したクラスを使ってコンポーネントの表示が行われるようになりました。表示される内容は先ほどと同じですが、classNameに用意したクラスが非常にシンプルになりましたね。

このように、表示を行うときは事前にクラスを定義しておいて、それを使用するようにしていきましょう。

コラム NEXT 「@apply」ってなに？ **Column**

gloabal.cssでは、CSSクラスの定義で「@apply」というものが使われています。これは一体、何でしょうか。

これは、CSS Custom Propertiesと呼ばれるものを利用するためのものです。これはCSSで、予め定義されたクラスなどを変数のように扱える機能です。通常、クラスの定義では、その中に1つ1つスタイルの値を記述していきます。しかし、@applyを使ってクラス名をして意思することで、そのクラスのスタイルをそのまま取り込むことができるのです。

Section 3-2 ルーティングと ページ移動

NEXT 複数ページとルーティング

Reactは、基本的に「ページを表示している間、機能するフレームワーク」です。別のページに移動すると、それまでの情報などはすべて消えてしまうため、1つのページだけで完結するようなもの（一般に「SPA」、Single Page Applicationと呼ばれます）を作るのに用いられます。

しかし、Webアプリを作るときに「1ページで完結」とはなかなかいきません。複数のページを用意し、行き来しながら動いていくようなものを作る必要が出てくることだってあるでしょう。

Next.jsでは、こうした複数ページのWebアプリも作ることができます。Webアプリケーションのフレームワークでは、複数のページを作成し、それらに決まったURLを割り当ててアクセスできるようにする仕組みを「ルーティング」といいます。Next.jsには、いくつかのルーティングの仕組みが用意されています。

ファイルシステムベースルーティング

Next.jsのもっとも基本的なルーティングは、ファイルシステムをベースとしたものです。Next.jsのWebページは、「src」内の「app」というフォルダーにファイルが用意されています。この「app」フォルダーがアプリケーションのルートとなります。

別のページを作成するときは、この「app」内に新たなフォルダーを作成し、そこにpage.tsxファイルを用意してコンポーネントを記述します。このpage.tsxは、フォルダー名のパスにアクセスをしたときに表示されるようになっています。例えば、「hoge」というフォルダーを作成した場合、/hogeにアクセスするとその中のpage.tsxが表示されるようになるのです。

ルーティングのための特別な設定などは特に必要ありません。ただフォルダーを作り、そこにpage.tsxを用意するだけでいいのです。

NEXT otherページを作成する

では、実際にページを追加してみましょう。ここでは例として「other」というページを作成してみます。

まずはフォルダーを作成しましょう。「app」フォルダー内に「other」というファイルを作成してください。Visual Studio Code を利用している場合は、エクスプローラーから「app」フォルダーを選択し、上部の「ワークスペース」というところにある「新しいフォルダー」アイコンをクリックします。これで新しいフォルダーが作られるので、そのまま「other」と名前を入力しましょう。

図 3-5 「新しいフォルダー」アイコンをクリックし、作成されたフォルダーに名前を設定する

作成した「other」フォルダーを選択し、上部の「ワークスペース」から「新しいファイル」アイコンをクリックします。これでフォルダー内にファイルが作成されます。そのまま「page.tsx」と名前を入力しましょう。

図 3-6 新たにファイルを作成し、「page.tsx」と名付ける

スタイルクラスを追加する

　これで「other」フォルダーにpage.tsxが作成されました。では、ページに表示するコンポーネントを作成しましょう。

　まず、global.cssを開いて、クラスを追記しておきます。以下のコードを記述しておきましょう。

リスト3-8
```
:any-link {
  @apply text-lg m-5 text-sky-600;
}
```

　これは、リンクの要素に適用されるクラスです。:any-linkは、あらゆるリンクに適用されるスタイルを定義するものです。ここでは青いテキストで表示するようにしておきました。これはそれぞれでカスタマイズして構いません。

page.tsxを記述する

　では、page.tsxを記述しましょう。まずは「app」フォルダー内のpage.tsxを開き、以下の
コードを記述してください。page.tsxは複数あるので間違えないようにしましょう。

リスト3-9

```tsx
import Link from 'next/link'

export default function Home() {
  return (
    <main>
      <h1 className="title">Top page</h1>
      <p className="msg">This is other page sample.</p>
      <div>
        <Link href="/other">go other page</Link>
      </div>
    </main>
  )
}
```

　続いて、新たに作成した「other」フォルダー内のpage.tsxを修正します。以下の内容を記
述してください。

リスト3-10

```tsx
import Link from 'next/link'

export default function Other() {
  return (
    <main>
      <h1 className="title">Other page</h1>
      <p className="msg">これは、別のページです。</p>
      <div>
        <Link href="/">go back!!</Link>
      </div>
    </main>
  )
}
```

図 3-7　リンクをクリックし、トップページと other ページを行き来する

　Web アプリのトップページにアクセスし、「go other page」のリンクをクリックすると、
/other に移動します。そこにある「go back!!」リンクをクリックすれば再びトップページに
戻ります。2つのページをリンクで行き来できるのがわかるでしょう。

リンクと Link コンポーネント

　ここでは、ページ移動のリンクを作成するのに「Link」コンポーネントを使っています。
<a>タグを使ってリンクを作ることもできるのですが、Next.js のコンポーネントでは、
Link を使用するのが基本です。
　この Link コンポーネントを利用するには、以下のような import 文を用意しておきます。

```
import Link from 'next/link'
```

　Link の使い方は、基本的に<a>と変わりありません。href にリンク先のアドレスを指定し、
開始タグと終了タグの間に表示するテキストを記述します。ここでの Link コンポーネント
を見ると以下のように記述されていますね。

```
<Link href="/other">go other page</Link>
<Link href="/">go back!!</Link>
```

単に`<a>`が`<Link>`に変わっただけなのがわかるでしょう。使い方は難しくないので、リンクにはLinkを使うようにしましょう。

コラム NEXT. どうして`<a>`を使わないの？　　　　　　　　　**Column**

なぜ、Next.jsでは`<a>`を使わず`<Link>`を使うのでしょうか。それは、「ページ遷移をしないため」です。

`<a>`は、hrefに指定したページにジャンプします。するとページがロードされ、表示がすべて更新されます。つまり、それまで表示していたページからリンク先のページに移動するのです。

`<Link>`では、ページを移動しません。どういうことか？　というと、Linkで指定したコンポーネントをロードし、現在のコンポーネントと入れ替えるのです。こうすることで、ページ遷移をしないで表示だけ次のページに切り替わるようになります。

つまり、Next.jsでは複数のページを作って移動しても、Linkを使っている限りSPA（Single Page Application）が維持されるのです。

「public」フォルダーの利用

ページを構成するコンポーネントは、「app」フォルダー内に用意されますが、それ以外の場所に配置されるものもあります。それは、静的コンテンツです。例えばイメージファイルなど、ページから読み込まれて利用されるファイル類です。

こうしたファイルは、「public」フォルダーに配置されます。「public」フォルダーは、名前の通り、公開されていて外部から自由にアクセスできるところです。ここに配置したファイルは、そのままWebアプリケーションのルートに置かれているのと同じようにアクセスできるようになります。

では、実際に「public」フォルダーを利用してみましょう。ここでは、イメージファイルを用意することにします。「sample.jpg」という名前でファイルを用意してください。そして、ファイルをドラッグし、Visual Studio Codeのエクスプローラーから「public」フォルダーにドロップします。これでファイルがコピーされ、「public」フォルダー内に保存されます。

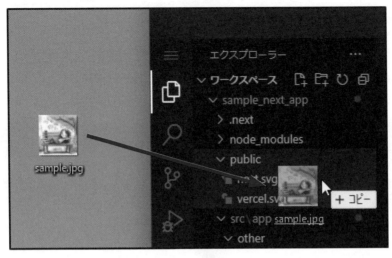

図 3-8 sample.jpg ファイルを「public」フォルダーにドラッグ＆ドロップして追加する

　では、イメージ表示用のスタイルクラスを用意しましょう。global.cssを開き、以下のコードを追記してください。

リスト3-11

```
img {
  @apply border-solid border-2 border-green-300 m-5 p-2;
}
```

これは、<img>に割り当てるクラスです。イメージをグリーンの枠で囲んで表示するようにしてあります。それぞれでカスタマイズしても構いません。

other/page.tsxを修正する

では、配置したイメージを表示するページを作成しましょう。今回は、「other」フォルダー内のpage.tsxを修正してみます。以下のようにコードを書き換えてください。

リスト3-12
```
import Link from 'next/link'
import Image from 'next/image'

export default function Other() {
  return (
    <main>
      <h1 className="title">Other page</h1>
      <p className="msg">これは、別のページです。</p>
      <div>
        <Image src="/sample.jpg" width={200} height={200} />
      </div>
      <div>
        <a href="/">go back!!</a>
      </div>
    </main>
  )
}
```

図3-9 /otherにアクセスすると、「public」フォルダーのsample.jpgが表示される

修正できたら、トップページにアクセスし、go other pageリンクでページを移動しましょう。「public」フォルダーに用意したsample.jpgが表示されます。

Imageコンポーネントの利用

イメージの表示は、通常、<img>を使いますが、Next.jsでは「Image」というコンポーネントが用意されており、こちらを使うのが基本です。このコンポーネントを利用するには、以下のようにimport文を用意しておきます。

```
import Image from 'next/image'
```

Imageコンポーネントの使い方は、<img>と同様でsrcに読み込むイメージファイルのパスを指定するだけです。またwidth/heightといった属性も用意されており、これらで値を指定することで表示するイメージの大きさを調整できます。

ここでのImageコンポーネントを見ると、以下のようになっているのがわかりますね。

```
<Image src="/sample.jpg" width={200} height={200} />
```

width/heightには{200}というようにして値を設定しています。これで縦横200ピクセルの大きさでイメージが表示されるようになります。これらの値は数値で指定する必要があるため、"200"ではなく{200}と記述しています。

　なぜ、<img>ではなくImageコンポーネントを利用するのか？　その最大の理由は「WebP形式への変換」にあります。Imageコンポーネントは、イメージをWebP形式に変換し、画像の品質を保ったままサイズを小さくして扱います。また遅延ローディングを行い、ページのパフォーマンスが低下しないようになっています。

　こうした理由から、イメージの表示にはImageを利用したほうがいいのです。大きなイメージデータを扱うようになると、Imageコンポーネントを利用するメリットがはっきりとわかるようになるでしょう。

NEXT. ダイナミックルーティング

　ファイルシステムルーティングは、フォルダー分けしてpage.tsxを配置するだけでページを作れるため、非常に扱いが簡単です。しかし、これはページが「静的なパス」に配置されているからです。

　例えば、データから特定の項目を取り出して表示するようなページを考えてみましょう。こうしたものの場合、/data/1 というように取り出すデータの番号をつけてアクセスするようなことがあります。この/1の部分は、取り出すデータによって変化します。2番目のデータなら/2となるし、100番目なら/100となるわけです。

　このようなページの場合、まさか「data」フォルダーの中に「1」から「100」までフォルダーを用意するわけにはいきません。必要に応じて/1の部分をうまく処理できるようなルーティングの仕組みが必要です。

　こうした場合のためにNext.jsに用意されているのが「ダイナミックルーティング」という機能です。これは、特殊な形でフォルダー名を用意することで、パスの一部をパラメーターとして受け取れるようにするものです。例えば、/abc/hogeにアクセスしたとき、hogeの部分を値としてコンポーネントに渡せるようにする、ということですね。これにより、/abc/○○とアクセスすれば○○の値を受け取って処理できるようになります。

　このダイナミックルーティングを利用するのに必要なことは、ただ「指定の形式でフォルダー名をつけること」だけです。

フォルダーを作成する

　では、実際にサンプルを作成しながら使い方を見ていきましょう。ここでは、/nameというパスでアクセスできるようにしてみます。例えば、/name/taroにアクセスすれば、「taro」という名前がパラメーターとして渡されるようにするわけです。

　では、「app」フォルダー内に「name」という名前でフォルダーを作成してください。そしてこの「name」フォルダーの中に、更に「[name]」という名前でフォルダーを作ります。これが、パラメーターとして値が渡されるフォルダーです。このように、[○○]というように名

Chapter 1
Chapter 2
Chapter 3
Chapter 4
Chapter 5
Chapter 6
Chapter 7
Chapter 8
Addendum

前の前後を[]でくくった名前をつけると、そのフォルダーはパラメーターとして認識されるようになります。

ページの処理は、この「[name]」フォルダーの中にpage.tsxというファイルを作成して記述します。

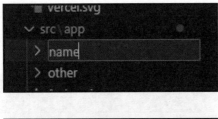

図 3-10 「name」フォルダー内に「[name]」フォルダーを作成し、その中にpage.tsxを用意する

ページの処理を作成する

では、「[name]」フォルダー内のpage.tsxを開いて処理を作成しましょう。以下のようにコードを記述してください。

リスト3-13

```
export default function Name({params}:{params:{name: string}}) {
  return (
    <main>
      <h1 className="title">Other page</h1>
      <p className="msg">あなたは、「{params.name}」ですね。</p>
      <div>
        <a href="/">go back!!</a>
      </div>
    </main>
```

```
    )
}
```

図 3-11 /name/○○とアクセスするとメッセージを表示する

　記述したら、実際にアクセスしてみましょう。例えば、/name/taroとアクセスすると、「あなたは『taro』ですね。」とメッセージが表示されます。アクセスしたパスの値が渡され利用されていることがわかりますね。

　ここでの最大のポイントは、関数に用意されている引数です。これは、以下のようになっています。

```
{params}:{params:{name: string}}
```

　ちょっとわかりにくいですが、{params}が引数に用意される変数の部分で、{params:{name: string}}は型（タイプ）の指定です。つまり、「nameプロパティを持つオブジェクトがparamsプロパティに渡されるオブジェクト」が型として指定されていた、ということです。{params}というのはオブジェクトの分割代入などに記述されるのと同じ書き方ですね。つまり、このオブジェクト型のparamsの値が{}内のparamsに渡されるようになっていたのですね。

　paramsの型指定となっている{name: string}の値は、必ずパラメーターとして渡される値の名前を指定します。このpage.tsxは、[name]というフォルダーに用意されていました。これにより、パスの一部をnameという名前で取り出すようになります。従って、paramsの型指定には{name: string}というようにnameプロパティのあるオブジェクトとして用意する必要があります。

　こうして引数が渡されたなら、後はparamsからnameの値を取り出し、{params.name}というようにして表示させるだけです。

▌引数をシンプルにしたい

このように引数を定義するだけでパラメーターを受け取ることができるのですが、「引数の書き方がわかりにくい」という人もいるでしょう。特に、{params}と引数の変数名を指定するのがよくわからない、という人も多いはずです。

ならば、{}を取って以下のような形で記述してもいいのです。

```
function Name(params:{params:{name:string}}) ……
```

この場合、{params:{name:string}}が型として指定されますから、params引数にはparamsがプロパティとして用意されているオブジェクトが渡されます。ですから、nameの値を取り出すには、params.params.nameと記述しないといけません。どちらがわかりやすく面倒でないかは人それぞれでしょう。

▌複数のパラメーターを渡したい

この [○○] というフォルダー名を指定したパラメーターの利用は、1つのパラメーターだけしか使えないわけではありません。[○○] というフォルダー内に更に [××] といったフォルダーを用意することで、複数のパラメーターを受け取ることもできます。

例えば、[name] という名前のフォルダー内に、更に [pass] というフォルダーを作成し、そこにpage.tsxを配置したとしましょう。そこでは、関数の引数に以下のような値を用意することになります。

```
{params}:{params:{name:string, pass:string}}
```

これでparams.nameとparams.passという2つのパラメーターを取り出し利用できるようになります。複数のパラメーターを利用する場合は、それだけフォルダーの階層を深くしていく必要があるため、ちょっと面倒かもしれません。

NEXT パラメーターを指定しない場合

これで/nameの後に名前をつけて/name/○○とアクセスしてパラメーターを受け取れるようになりました。では、パラメーターをつけなかった場合はどうなるでしょうか？ つまり、/nameとだけアクセスした場合は？

この場合、404エラーというのが発生します。これは、指定のURLにページが見つからない場合のエラーです。[name]のpage.tsxでは、必ずパラメーターを指定しないとエラーになるのです。

図 3-12　/nameにアクセスするとエラーになる

では、エラーにならないようにするためにはどうすればいいのでしょうか？ これは、実は既に皆さんは知っているはずです。/nameにアクセスするとなぜエラーになったのか？ それは、「パラメーターが指定されていないから」では、実はありません。もっと単純なことです。「name」フォルダーにpage.tsxが用意されていないからエラーになったのです。

「name」フォルダーにpage.tsxを追加する

では、「name」フォルダーにpage.tsxを追加してみましょう。そして以下のようにコードを記述しておきます。ごく単純なメッセージを表示するだけのものです。

リスト3-14

```
export default function Name() {
  return (
    <main>
      <h1 className="title">Name page</h1>
      <p className="msg">/name/○○ というように名前をつけてアクセスしてください。</p>
      <div>
        <a href="/">go back!!</a>
      </div>
    </main>
  )
}
```

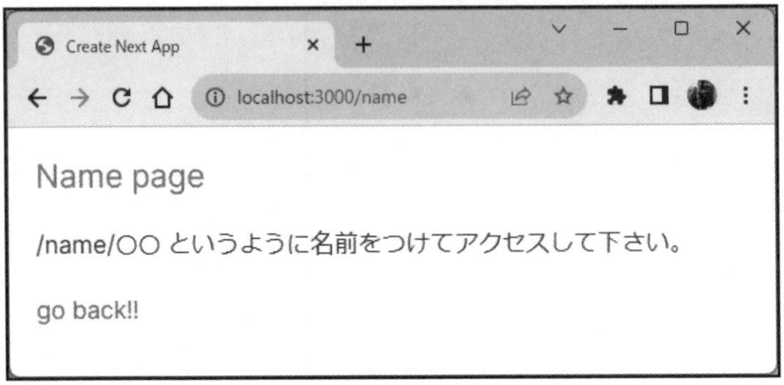

図 3-13 /name にアクセスすると表示がされるようになった

　修正できたら、/name にアクセスをしてみましょう。作成した page.tsx の表示がされるようになります。これでエラーも起こりませんね。

　ダイナミックルーティングを利用してパラメーターを使う場合、パラメーター用の [〇〇] という名前のフォルダー内だけでなく、この [〇〇] が置かれているフォルダーにも page.tsx を用意する必要があります。こうすることで、パラメーターがあってもなくてもエラーなく表示が行えるようになります。

Section

3-3 スタイルとレイアウト

NEXT. ローカルCSSについて

Chapter
1

Chapter
2

Chapter
3

Chapter
4

Chapter
5

Chapter
6

Chapter
7

Chapter
8

Addendum

　ページ移動の基本がわかったところで、章の最後にCSSとレイアウトについて触れておくことにしましょう。

　まずは、CSSについてです。これまで、ページで表示されるコンテンツのスタイルは、global.cssに記述をしてきました。これは便利ですが、すべてのページで共通する表示になってしまいます。ページごとに異なるスタイルを設定したい場合はどうすればいいのでしょうか。

　このような場合は、表示するページ用のローカルCSSを用意することでスタイルを変更することができます。

　ローカルのCSSは、「app」内の任意の場所に用意できます。ただし、わかりやすくするために通常は各ページのフォルダー内にpage.tsxと一緒に用意しておくのが一般的です。

　では、実際に試してみましょう。ここではotherページにスタイルを追加してみます。「other」フォルダー内に、新たに「style.css」という名前でファイルを作成しましょう。そして以下のようにスタイルクラスを追記しておきます。

リスト3-15
```
.title {
  @apply text-2xl font-bold m-0 p-5 text-white bg-blue-800;
}
.msg {
  @apply text-lg m-5 text-gray-900 text-center;
}
:any-link {
  @apply font-bold text-orange-600;
}
```

　ここでは例としてタイトルとメッセージ、リンクのスタイルを用意しておきました。

では、このスタイルがotherページに適用されるようにしましょう。「others」フォルダーのpage.tsxを開き、冒頭のimport文のところに以下の一文を追記してください。

リスト3-16

```
import './style.css'
```

図3-14 /otherにアクセスするとstyle.cssのスタイルで表示される

これで、同じフォルダー内にあるstyle.cssがインポートされるようになりました。ローカルCSS利用でやるべきことはこれだけです。スタイルシートファイルをインポートするだけで、その内容がコンポーネントに適用されるようになります。

ローカルCSSはglobal.cssを上書きする

非常に面白いのは、「ローカルCSSに用意されていないところはglobal.cssのスタイルクラスが使われる」という点です。例えば、ここではイメージのスタイルクラスであるimgのカスタマイズは行っていません。ページに表示されるイメージは、global.cssのスタイル設定で表示されます。

ローカルCSSをインポートした場合も、「global.cssが使われずローカルCSSだけが適用される」というわけではありません。ローカルCSSを使う場合も、global.cssは活用されます。

Next.jsのコンポーネントでは、まずglobal.cssがすべてのページの表示に適用されます。そしてページごとにローカルCSSがインポートされていたなら、その内容をコンポーネントの表示に適用していきます。つまり、ローカルCSSのスタイルクラスは、global.cssのク

ラスを上書きしていくのです。従って、ローカルCSSに用意されていない部分については、global.cssのStyleがそのまま生きているのです。

CSSモジュールについて

CSSのスタイルクラスをコード内でもっと柔軟に扱えるようにしたい、と思うことは多いでしょう。Next.jsでは、「CSSモジュール」という機能が用意されています。これは「○○.module.css」という名前で用意したスタイルシートをTypeScript（またはJavaScript）のオブジェクトとして読み込み、TypeScriptの値としてコンポーネント内で利用できるようにするものです。値として扱えるようにすることで、使用するスタイルクラスをダイナミックに変更したりすることができるようになります。

実際に試してみましょう。「other」フォルダー内に、新たに「style.module.css」という名前でファイルを作成してください。そしてここにスタイルクラスを以下のように記述しておきます。

リスト3-17
```
.title {
  @apply text-2xl font-bold m-0 p-5 text-white bg-blue-800;
}
.msg {
  @apply text-lg m-5 text-gray-900 text-center;
}
```

ここでは、先ほど作ったstyle.cssからtitleとmsgの2つのクラスをコピーして記述しておきました。内容そのものは、普通のスタイルシートファイルと同じです。

CSSモジュールを利用する

では、このstyle.module.cssを利用してみましょう。「other」フォルダー内のpage.tsxを開いて、以下のように内容を修正してください。

リスト3-18
```
import Link from 'next/link'
import Image from 'next/image'
import styles from './style.module.css'

export default function Other() {
  return (
```

```
    <main>
      <h1 className={styles.msg}>Other page</h1>
      <p className={styles.title}>これは、別のページです。</p>
      <div>
        <Image src="/sample.jpg" width={200} height={200} />
      </div>
      <div>
        <a href="/">go back!!</a>
      </div>
    </main>
  )
}
```

図 3-15　タイトルとメッセージのスタイルが逆になった

　修正したら/otherにアクセスしてみましょう。タイトルとメッセージのスタイルが逆に設定されて表示されます。

　CSSモジュールは、importを使って読み込みます。ここでは冒頭に以下のような文が追加されていますね。

```
import styles from './style.module.css'
```

　これで、style.module.cssに記述したクラスの情報がstylesというオブジェクトに読み込まれます。以後はstylesから必要なクラスを取り出して利用するだけです。

ここでは、<h1>と<p>でそれぞれ以下のようにclassNameを指定していますね。

```
<h1 className={styles.msg}>
<p className={styles.title}>
```

className には、{styles.msg} あるいは {styles.title} というようにして値が設定されています。style.module.css に記述した title や msg クラスは、styles オブジェクトのプロパティとして取り出せるようになるのです。

オブジェクトとプロパティとしてスタイルクラスが用意されるため、コード内からこれらの値を自由に扱えるようになります。必要に応じてクラスをダイナミックに変更するような場合、CSS モジュールは非常に便利です。

この CSS モジュールは、ファイル名が必ず「○○.module.css」という名前になっている必要があります。名前が正しくない場合、import でオブジェクトとしてスタイルクラスを取り出すことはできないので注意してください。

Chapter 1
Chapter 2
Chapter 3
Chapter 4
Chapter 5
Chapter 6
Chapter 7
Chapter 8
Addendum

Styled JSX によるスタイル

HTML では、スタイルは <style> を使って記述することができます。しかし Next.js では、コンポーネントの JSX に <style> を記述して実行させることができません。JSX では、<style> 内に CSS のコードをそのまま書くと文法エラーとなり機能しなくなるのです。このため、JSX でスタイルを割り当てる場合には、あらかじめ CSS をファイルに用意してインポートするなどして className に割り当ててやる必要がありました。

しかし、<style> を使ってその場でスタイルクラスを定義できればスタイルの設定も随分と手軽に行えるようになります。こうした考えから用意されたのが「Styled JSX」という機能です。

Styled JSX は、JSX 内に <style> のような感覚でスタイルクラスを記述できるようにするための仕組みです。これは以下のような形で import 文を記述して使います。

```
import 名前 from 'styled-jsx/style'
```

これで Styled JSX の機能が指定した名前の値としてインポートされます。あとは、これを JSX のコンポーネントとして記述するだけです。

```
<名前>{ ……スタイルクラスの定義…… }</名前>
```

注意したいのは、値の設定の仕方です。CSS の記述を直接書いてしまうと文法エラーとなっ

てしまうため、スタイルクラスの定義は string 値として用意する必要があります。つまり、{"○○"}のような形で記述しておくわけです。ただし、スタイルの記述は各項目を改行して複数行に渡って記述することが多いため、テキストの記述はバッククォート（`）を利用するのが一般的でしょう。つまり、{`○○`}とするわけですね。

Styled JSX を利用する

では、実際に簡単な例をあげておきましょう。今回も other コンポーネントを使います。「other」フォルダー内の page.tsx を開き、以下のように書き換えてください。

リスト3-19

```
'use client'

import Link from 'next/link'
import Image from 'next/image'
import styles from './style.module.css'
import JSXStyle from 'styled-jsx/style'

export default function Other() {
  return (
    <main>
      <JSXStyle>
        {`p.jsx-msg {
            margin: 10px;
            text-align:center;
            color: red;
            font-weight: bold;
        }`}
      </JSXStyle>
      <h1 className={styles.title}>Other page</h1>
      <p className="jsx-msg">これは、別のページです。</p>
      <div>
        <Image src="/sample.jpg" width={200} height={200} alt="wait..."/>
      </div>
      <div>
        <a href="/">go back!!</a>
      </div>
    </main>
  )
}
```

図 3-16 メッセージのスタイルを Styled JSX で変更する

　これで other ページにアクセスすると、メッセージが赤いボールドのテキストで中央揃えで表示されるようになります。この表示が、Styled JSX で設定されたものです。

　ここでは、まず以下のような import 文で Styled JSX のコンポーネントを読み込んでいます。

```
import JSXStyle from 'styled-jsx/style'
```

　これで、JSXStyle というコンポーネントとして読み込まれました。実際のスタイルクラスの設定は、これを JSX コンポーネントとして以下のように記述すればいいのです。

```
<JSXStyle>
{`……内容……`}
</JSXStyle>
```

　では、ここでどのようにスタイルクラスが定義されているのか見てみましょう。ここでは以下のように Styled JSX の記述が用意されていました。

```
<JSXStyle>
  {`p.jsx-msg {
    margin: 10px;
    text-align:center;
    color: red;
    font-weight: bold;
```

```
  }`}
</JSXStyle>
```

　p.jsx-msgというようにして<p>のjsx-msgクラスを定義していますね。その中で細かな
スタイルの設定を行っています。この書き方は、CSSのクラスの書き方そのままです。この
ようにしてスタイルクラスをJSX内に記述できるようになります。

NEXT. layout.tsxのオーバーライド

　Next.jsのWebアプリケーションでは、表示されるWebページは「app」フォルダー内の
layout.tsxのレイアウトに各ページのコンポーネントが組み込まれる形で表示されます。こ
うすることで、アプリケーション全体で統一感あるデザインとなるようにしているのです。
　しかし、場合によっては「このページだけはレイアウトを変えたい」ということもあるで
しょう。このような場合はどうすればいいのでしょうか。
　実をいえば、レイアウトを規定するlayout.tsxは「app」フォルダー以外の場所に設置する
こともできるのです。そして特定のフォルダー内にlayout.tsxを配置すると、そのフォルダー
内のページではレイアウトファイルがオーバーライド（上書き）され、そのlayout.tsxがレイ
アウトとして適用されるようになります。これにより、特定のパスでレイアウトを変更する
ことができるようになります。
　これは、ただファイルを配置するだけで使えます。特別なコードの記述なども一切必要あ
りません。では使ってみましょう。
　ここでは例として「other」フォルダーにlayout.tsxを配置することにします。まず、「other」
フォルダーに作成してある「style.css」にレイアウト用のスタイルクラスを用意しておきま
しょう。以下を追記してください。

リスト3-20
```
.header {
  @apply text-center text-sm font-bold p-1 text-gray-900;
}
.footer {
  @apply fixed bottom-0 w-full;
}
.footer-content {
  @apply text-sm m-2   text-gray-600;
}
```

　ここではヘッダーとフッターで使うスタイルクラスを用意しておきました。これで準備は
完了です。

では、「other」フォルダー内に新たにファイルを作成し、「layout.tsx」という名前を設定してください。これが「other」内でのみ使えるレイアウトファイルになります。

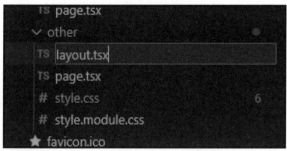

図 3-17　「other」フォルダー内に「layout.tsx」ファイルを作成する

Chapter 1
Chapter 2
Chapter 3
Chapter 4
Chapter 5
Chapter 6
Chapter 7
Chapter 8
Addendum

新しいレイアウトを記述する

では、作成したlayout.tsxを開いてレイアウトを記述しましょう。以下のようにコードを作成してください。

リスト3-21

```
import './style.css'

export default function OtherLayout({
  children,
}: {
  children: React.ReactNode
}) {
  return (
    <html lang="ja">
      <body>
        <h1 className="header">Sample Web Application</h1>
        {children}
        <div className="footer">
          <hr/>
          <p className="footer-content">
            copyright 2023 SYODA-Tuyano.
          </p>
        </div>
      </body>
    </html>
  )
}
```

　今回は、layout.tsxでstyle.cssを読み込み利用しています。レイアウトでは、<body>内に<h1>を使ったヘッダーと、<div>を使ったフッターを用意しておきました。「app」フォルダー内のlayout.tsxにあったInterやMetadataなどの記述がありませんね。レイアウトはルートから継承されていきます。「other」フォルダー内ではここに用意したlayout.tsxが利用されますが、ルートにあるlayout.tsxも読み込まれており、そこで用意されたものもちゃんと使えるようになっているのです。

レイアウトを利用する

　では、表示するページのコードも修正しましょう。「other」フォルダーのpage.tsxを開き、内容を以下に書き換えてください。

リスト3-22

```
import Link from 'next/link'
import Image from 'next/image'

export default function Other() {
  return (
    <main>
      <h1 className="title">Other page</h1>
      <p className="msg">これは、別のページです。</p>
      <div>
        <Image src="/sample.jpg" width={200} height={200} alt="wait..."/>
      </div>
      <div>
        <a href="/">go back!!</a>
      </div>
    </main>
  )
}
```

Chapter 1
Chapter 2
Chapter 3
Chapter 4
Chapter 5
Chapter 6
Chapter 7
Chapter 8
Addendum

図 3-18　ヘッダーとフッターが表示されるようになった

　これで完成です。/otherにアクセスすると、新しいlayout.tsxを使ってページをレイアウトします。トップに「Sample Web Application」とヘッダーが表示され、下部には「copyright 2023 SYODA-Tuyano」とフッターが表示されます。ちゃんと新たに用意したlayout.tsxを使ってページがレイアウトされていることがわかります。

レイアウトの情報は継承される

　Next.jsでは、フォルダーごとにレイアウトやスタイルシートが用意できます。これらは、それぞれのフォルダーごとに完全に切り離されているわけではありません。これらは継承されていく、ということを理解しておきましょう。

　例えばスタイルシートは、ルートにあるglobal.cssが読み込まれ、それにプラスして各フォルダーのCSSファイルを読み込んで利用できます。しかし、フォルダーにあるCSSファイルを読み込んで使う場合も、global.cssは使われないわけではありません。まずglobal.cssがあり、それに加えて読み込んだCSSが使われます。その際、同じスタイルクラスがあれば上書きされます。

　レイアウトも同じです。ルートにあるlayout.tsxでは、レイアウトのJSXだけでなく、InterやMetadataなども作成されています。これらは、各フォルダーで独自のレイアウト

を使う場合も継承され利用されるのです。

このことがわかっていれば、各フォルダーごとにスタイルやレイアウトを作成する場合も、必要最小限のものだけを用意すればいいことに気がつきます。ルートのCSSやレイアウトで作成されているものは、改めて用意する必要はないのです。

そのページ独自に必要となるものだけを作れば、ページ用のCSSやレイアウトは作れる、ということをよく理解しておきましょう。

Pagesルーター
アプリケーション

Next.jsには、Appルーターとは別に「Pagesルーター」と呼ばれるルーターシステムがあります。ここではPagesルーターによるアプリケーションの基本について説明をします。ルーティングの仕組みやダイナミックルーティングの使い方、またレイアウトのカスタマイズなどについても説明をしていきます。

ポイント

▶ AppルーターとPagesルーターの主な違いを
  把握しましょう。
▶ Pagesルーターのファイル構成を
  しっかり頭に入れましょう。
▶ Pagesルーターでダイナミックルーティンを
  使えるようになりましょう。

Pagesルーターに
ついて

AppルーターとPagesルーター

　ここまでNext.jsプロジェクトの基本的な機能について説明をしてきました。ページのコンポーネント作成、ルーティング、CSSやレイアウトなどについてですね。これらの内、実はまだ説明していないものが残っている機能があります。それは「ルーティング」です。

　ルーティングについては、ファイルシステムベースのルーティングとダイナミックルーティングという基本機能について説明をしました。しかし、もっと根本的な部分で、説明していないものがあります。それは、アプリケーションのルーティングを管理する「ルーター」という機能についてです。

2つのルーター

　ここまで使ってきたNext.jsプロジェクトは、「src」フォルダー内に「app」フォルダーがあり、その中にページのコンテンツがまとめられていました。これは「Appルーター」と呼ばれる方式によるファイル構成なのです。

　これとは別に、Next.jsには「Pagesルーター」というものもあります。こちらは「app」フォルダーは存在せず、「page」というフォルダーにファイルが配置されていく方式です。

　この2つのルーターは何が違うのか、簡単にまとめておきましょう。

●Appルーター

　これは、Next.jsに比較的最近用意された、新しいルーティング方式です。「app」フォルダー内に、レイアウトファイル「layout.tsx」とページのコンテンツファイル「page.tsx」というファイルが用意され、これらを組み合わせてページが作成されます。アプリケーション全体のレイアウトが用意され、すべてのページはそれをもとにレイアウトされるため、アプリケーション全体で統一感あるページが作成できます。

　Appルーターは、アプリケーション全体をルーティングしていくことを考えて設計されています。これはいくつものページを作成し連携して動くようなアプリケーションに向いています。

●**Pagesルーター**

　これは、以前からある旧タイプのルーティング方式です。「page」というフォルダーにWebページで使われるファイル類がまとめられています。ページのコンテンツは「index.tsx」というファイルとして作成されていきます。Appルーターと同様にファイルシステムベースのルーティングが可能であり、「page」フォルダー内にフォルダーを作成して階層的にページを配置していけます。

　Pagesルーターは、Appルーターのようにアプリケーション全体で共通するレイアウトなども用意されておらず、ページごとに完結するようなアプリの作成を考えたものといえます。

Pagesルーターが必要となるケース

　Pagesルーターは、Appルーターのようなアプリケーション全体を統一的に作成していくような仕組みがないため、ページごとに表示をすべて設計していくことになります。このため、Appルーターに慣れてしまうとページ作成が面倒に感じるかもしれません。

　Appルーターは、Pagesルーターの後に登場しただけあってPagesルーターよりも機能が豊富です。Next.jsの開発元も、Appルーターの利用を推奨しています。

　では、Pagesルーターはもう覚える必要はないのか？　いいえ、そんなことはありません。実は、Appルーターにはなく、Pagesルーターだけに用意されている機能というのもあるのです。それは「静的ページの作成」に関するものです。

　この次の章で説明をしますが、Next.jsでは、ビルド時にページをレンダリングしたり、サーバー側でページをレンダリングして表示する「サーバーサイドレンダリング」という機能が用意されています。これらを使うことで、クライアントに送信される段階でコンポーネントがHTMLのコードとして送信されるようなページを作成できるのです。

　こうした静的なページで必要なデータなどを扱うための機能の中には、Appルーターには用意されていないものもあります。このため、静的ページを中心としたアプリを作成するときは、敢えてPagesルーターを選択することもあるのです。

　また、Appルーターは最近追加された機能であるため、まだまだ情報も少なく、サンプルなどもあまり多くありません。ネットなどでNext.jsの情報を検索すると、その多くはPagesルーターを使っていることが多いのです。そうしたことを考えたなら、Pagesルーターの使い方もきちんと知っておいたほうがいいでしょう。

Pagesルーター利用のプロジェクト作成

　この「AppルーターとPagesルーターのどちらを使うか？」は、Next.jsプロジェクトを作成する際に指定する必要があります。つまり、プロジェクトを作成した後で変更することはできないのです。従って、Pagesルーターを利用したければ、新たにPagesルーターを設定

したプロジェクトを作成する必要があります。

では、Pagesルーターを利用したNext.jsプロジェクトを作成してみましょう。ターミナルを開き、cdコマンドでデスクトップに移動をしてください。そして以下のようにコマンドを実行します。

```
npx create-next-app sample_next_page
```

今回は、「sample_next_page」という名前にしました。これを実行したら、次々と現れる質問を以下のように回答していきます。

```
Would you like to use TypeScript?                           「Yes」を選択
Would you like to use ESLint?                               「Yes」を選択
Would you like to use Tailwind CSS?                         「Yes」を選択
Would you like to use `src/` directory?                     「Yes」を選択
Would you like to use App Router? (recommended)             「No」を選択
Would you like to customize the default import alias (@/*)? 「No」を選択
```

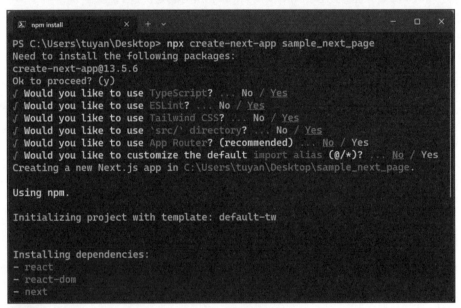

```
PS C:\Users\tuyan\Desktop> npx create-next-app sample_next_page
Need to install the following packages:
create-next-app@13.5.6
Ok to proceed? (y)
√ Would you like to use TypeScript? ... No / Yes
√ Would you like to use ESLint? ... No / Yes
√ Would you like to use Tailwind CSS? ... No / Yes
√ Would you like to use `src/` directory? ... No / Yes
√ Would you like to use App Router? (recommended) ... No / Yes
√ Would you like to customize the default import alias (@/*)? ... No / Yes
Creating a new Next.js app in C:\Users\tuyan\Desktop\sample_next_page.

Using npm.

Initializing project with template: default-tw


Installing dependencies:
- react
- react-dom
- next
```

図 4-1 Pagesルーターを使ったプロジェクトを作成する

途中にある「Would you like to use App Router?」という質問が、「Appルーターを使うか?」を指定するためのものです。これをYesにするとAppルーターになり、NoだとPagesルーターになります。

今回は、このWould you like to use App Router?を「No」にしてください。これでPagesルーターによるプロジェクトが作成されます。

プロジェクトを実行する

　では、実際にプロジェクトを実行してみましょう。ターミナルで「cd sample_next_page」を実行してプロジェクト内に移動し、「npm run dev」でプロジェクトを実行してください。そして、http://localhost:3000/にアクセスしましょう。サンプルで用意されているページが表示されます。

　Pages ルーターでも、プロジェクトの基本的な操作は App ルーターと同じです。npm run devで実行し、http://localhost:3000/でアプリケーションが公開されます。

図 4-2　サンプルで用意されている Web ページが表示された

Pages ルーターのフォルダー構成

　では、作成されたプロジェクトの中身を見てみましょう。プロジェクトには以下のようなフォルダーが用意されています。

「.next」フォルダー	Next.js が使用する設定ファイルなどがまとめられます。
「node_modules」フォルダー	プロジェクトで使うパッケージ類がまとめられます。
「public」フォルダー	公開ファイルが保管されるところです。
「src」フォルダー	アプリケーションのコード類がまとめられます。

Chapter 1
Chapter 2
Chapter 3
Chapter 4
Chapter 5
Chapter 6
Chapter 7
Chapter 8
Addendum

基本的なフォルダー構成は、Appルーターのときと同じですね。違っているのは、「src」フォルダーの中身です。この中には以下のようなフォルダーが用意されています。

「pages」フォルダー	表示するWebページで使うファイルがまとめられています。
「styles」フォルダー	スタイルシート関連が保管されます。

「pages」フォルダーが、アプリケーションで使われるページのためのファイルをまとめるところになります。Appルーターの「app」フォルダーに相当するものと考えていいでしょう。この中に、ページのコンポーネントなどが用意されることになります。

図 4-3 プロジェクトのフォルダー類の構成

■「pages」フォルダーの内容

では、「pages」フォルダーにはどのようなファイルやフォルダーが用意されているのでしょうか。ざっと整理しておきましょう。

「api」フォルダー	これは、WebのAPIを作成するためのフォルダーです。サンプルとして、hello.tsxというファイルが入っています。
_app.tsx	アプリケーションで表示される各ページのベースとなるものです。ここに書くページのコンポーネントが組み込まれます。
_document.tsx	Webページのもっとも土台となる部分です。<html>、<head>、<body>といったドキュメントの土台部分が書かれています。
index.tsx	トップページに表示するページのコンテンツです。表示されるコンポーネントが書かれています。

「api」フォルダーは用途が通常のWebページと異なるので当面は無視していいでしょう。Webページは、ここにある3つのtsxファイルで構成されます。これらの中で、実際に表示されるページのコンポーネントとなるのはindex.tsxです。他の2つを使ってWebページの入れ物の部分が作られ、そこにindex.tsxのコンポーネントがコンテンツとして組み込まれ表示されるわけです。

ドキュメントとAppコンポーネント

では、用意されているtsxファイルの中身がどのようになっているのか見ていきましょう。まずは、一番の土台となっている_document.tsxからです。これは以下のようになっています。

リスト4-1

```
import { Html, Head, Main, NextScript } from 'next/document'

export default function Document() {
  return (
    <Html lang="en">
      <Head />
      <body>
        <Main />
        <NextScript />
      </body>
    </Html>
  )
}
```

これらの内、<Html>、<Head>といったものはわかりますね。<Html>は<html>、<Head>は<head>に相当するものです。これらは必要に応じていろいろな値が組み込まれるため、直接<html>と書かずに専用のコンポーネントを使って組み込んでいます。

<Main />は、各ページのコンポーネントが組み込まれる部分を表すものです。そして<NextScript />は、Next.jsのクライアントサイドで必要となるバンドルやスクリプトの生成を行うためのものです。これによりNext.jsのクライアントサイドの機能が実装されます。

ざっと見ればわかるように、これらはNext.jsでWebページを表示する際の必要最低限のものが用意されていることがわかります。この中から「これはいらないから」といったものを取り除くことはできません。このコードは変更してはならないものと考えましょう。

Chapter 1
Chapter 2
Chapter 3
Chapter 4
Chapter 5
Chapter 6
Chapter 7
Chapter 8
Addendum

_app.tsxについて

　続いて、_app.tsxです。こちらも中身は非常にシンプルになっており、以下のようなコードが記述されています。

リスト4-2

```
import '@/styles/globals.css'
import type { AppProps } from 'next/app'

export default function App({ Component, pageProps }: AppProps) {
  return <Component {...pageProps} />
}
```

　まず、globals.cssを読み込んでいますね。すべてのページは、この_app.tsxで読み込まれ表示されますから、globals.cssのStyleクラスは全ページで使われるようになります。

　もう1つのAppPropsというのは、アプリケーションのプロパティを扱うオブジェクトです。コンポーネントとして定義されているApp関数の引数には、以下のようなものが用意されていますね。

```
{ Component, pageProps }: AppProps
```

　AppProps型の値が、ComponentとpagePropsに分割代入されて渡されることを示しています。そして、これらの値を利用して以下のようなJSXがreturnされています。

```
<Component {...pageProps} />
```

　これにより、Appコンポーネントで呼び出される際に渡されるコンポーネントが表示されるようになっているのですね。引数のAppPropsは、Next.js側で呼び出す際に渡される値であるため、カスタマイズなどはできません。この_app.tsxのコードも、特別な理由がない限り修正することはないでしょう。

NEXT. index.tsxについて

　以上で表示するWebページのベースとなる部分はわかりました。そこに実際に表示しているコンポーネントがindex.tsxです。これは、コンテンツの内容が非常に長いのでそのあたりを省略すると以下のようなものが書かれています。

リスト4-3

```
import Image from 'next/image'
import { Inter } from 'next/font/google'

const inter = Inter({ subsets: ['latin'] })

export default function Home() {
  return (
    <main className={`……}`} >
      ……表示する内容……
    </main>
  )
}
```

　整理すると、実はAppルーターにデフォルトで用意されていたpage.tsxとほぼ同じような
ものが書かれていることがわかります。AppルーターでもPagesルーターでも、ページに
表示するコンポーネントは基本的に同じなのです。ただルーターの仕組みが異なっているだ
けなのですね。

index.tsxを編集する

　では、index.tsxを書き換えてもっとシンプルなコンポーネントのサンプルを作ってみま
しょう。以下のように記述をしてください。

リスト4-4

```
import Image from 'next/image'
import { Inter } from 'next/font/google'

const inter = Inter({ subsets: ['latin'] })

export default function Home() {
  return (
    <main>
      <h1>SSG application.</h1>
      <p>This is sample page.</p>
    </main>
  )
}
```

　見ればわかるように、<main>内に<h1>と<p>があるだけの非常にシンプルなコンポーネ
ントです。これを表示させてみましょう。

globals.cssを修正する

このままだと各要素のスタイルがまったく設定されていないので、スタイルクラスを記述しておきましょう。「styles」フォルダー内にある「globals.css」を開いてください。そして、まず:rootの部分を以下のように修正しておきます。

リスト4-5

```
@media (prefers-color-scheme: dark) {
  :root {
    --foreground-rgb: 0, 0, 0;
    --background-start-rgb: 255, 255, 255;
    --background-end-rgb: 255, 255, 255;
  }
}
```

わかりますか？ --background-start-rgb:の値をすべて255にしました。先にAppルーターのプロジェクトでも同じ修正をしましたね。これで背景が白一色になります。

続いて、globals.cssに以下のスタイルクラスを追記します。

リスト4-6

```
h1 {
  @apply text-2xl font-bold m-0 mb-5 px-5 py-3 text-white bg-purple-800;
}
p {
  @apply text-lg m-5 text-gray-900;
}
```

これで修正は終わりです。修正したら、http://localhost:3000/ にアクセスして表示を確かめましょう。修正したコンポーネントが表示されます。

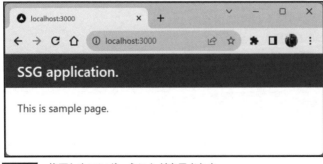

図4-4 修正したコンポーネントが表示された

Section
4-2 複数ページと
ルーティング

Pagesルーターのページコンポーネント

Pagesルーターの基本的なコードがだいたいわかったところで、ルーターのポイントとなる「複数ページの作成」に話を進めましょう。

Appルーターは、別のページを作成する場合、ページのパスに相当するフォルダーを用意してそこにpage.tsxを用意しました。しかしPagesルーターではこうしたやり方はしません。

Pagesルーターでは、ただ単に「pages」フォルダー内にコンポーネントのtsxファイルを置くだけです。例えば、hoge.tsxというファイルをここに用意すれば、それだけで/hogeにアクセスしてコンポーネントが表示されるようになるのです。Appルーターよりも遥かに簡単ですね。

では、実際に簡単なページを作成してページ移動をしてみましょう。まず、リンク用のスタイルクラスを用意しておきましょう。「styles」フォルダーの「globals.css」を開き、以下のコードを追記してください。

リスト4-7
```
a {
  @apply m-5 font-bold text-blue-500 underline;
}
```

otherページを作成する

まずは新しいページを用意しましょう。「pages」フォルダー内に新しく「other.tsx」という名前のファイルを作成してください。そして以下のようにコードを記述しておきましょう。

リスト4-8
```
import { Inter } from 'next/font/google'
import Link from 'next/link'
```

```
const inter = Inter({ subsets: ['latin'] })

export default function Other() {
  return (
    <main>
      <h1>Other page.</h1>
      <p>これは別のページです。</p>
      <div><Link href="/">Go Back!!</Link></div>
    </main>
  )
}
```

　ごく単純な内容です。Linkコンポーネントを使い、href="/"に移動するリンクを用意してあります。

　では、このother.tsxのページに移動するようにindex.tsxの内容を修正しておきましょう。

リスト4-9

```
import { Inter } from 'next/font/google'
import Link from 'next/link'

const inter = Inter({ subsets: ['latin'] })

export default function Home() {
  return (
    <main>
      <h1>Index page.</h1>
      <p>This is sample page.</p>
      <div><Link href="/other">Go "Other".</Link></div>
    </main>
  )
}
```

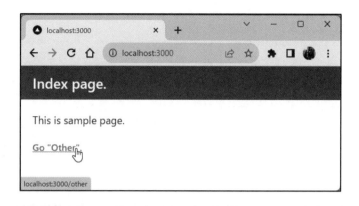

図 4-5 リンクをクリックしてトップページとotherページを行き来する

　修正できたら、実際にページにアクセスして動作を確認しましょう。トップページには、「Go "Other".」というリンクが追加されています。これをクリックすると、新たに作成したotherページに移動します。Otherページにある「Go Back!!」リンクをクリックすれば、再びトップページに戻ります。

　ここでは、「pages」フォルダー内にindex.tsxとother.tsxというページ用のコンポーネントファイルを用意しているだけです。これだけで、index.tsxがトップページ（/）に、other.tsxがotherページ（/other）にアクセスすると表示されるようになります。「/ファイル名」という形で各コンポーネントが公開されていることがわかるでしょう。

　このように、Pagesルーターでは、ページは「コンポーネントファイルのファイル名」で決められています。フォルダーを使ってパスの階層を作ることはできます。例えば、「pages」フォルダー内に「abc」というフォルダーを作成し、そこにhoge.tsxというファイルを作成すれば、/abc/hogeというパスでそのコンポーネントにアクセスすることができます。

Appルーターとの違い

　Appルーターのようにフォルダーではなく、コンポーネントファイルだけでファイルのパスが決められる、ということは、同じ階層にスタイルシートやJavaScriptファイルなどのリソースを用意して管理することができないことを意味します。

　例えば、index.tsxやother.tsxでそれぞれ別にCSSファイルを用意したいと思ったときも、すべて「pages」フォルダーにまとめて入れておくことになります。それぞれのページごとにフォルダー分けして管理するAppルーターとはこのあたりの仕組みが違うのです。

NEXT. ダイナミックルーティング

　ページを複数用意すると、AppルーターとPagesルーターが微妙に違うものであることがよくわかります。続いて、ファイルシステムベースではなく、ダイナミックルーティングを利用する場合はどうなるか試してみましょう。

　ダイナミックルーティングの場合、[○○]という形で名前をつけることで、そのパス部分の値をパラメーターとして取り出せるようになります。この名前の指定は、フォルダーでもコンポーネントファイルでも使えます。

useRouterでパラメーターを取り出す

　では、[○○]という名前で指定したパラメーターはどのように受け取るのでしょうか。これは、Appルーターの場合とは取り出し方が異なります。

　まず、「next/router」というモジュールにある「useRouter」という関数をインポートします。これは以下のように記述しておきます。

```
import { useRouter } from 'next/router'
```

　このuseRouterは、「独自フック」と呼ばれるもので、ステートフックのように値を取り出す働きをします。この関数は以下のように呼び出します。

```
変数 = useRouter()
```

　これで、ルーターが管理する情報をまとめたオブジェクトが変数に取り出されます。後は、ここから必要な値を取り出すだけです。

　例えば、[○○]というパラメーターならば、これは変数のqueryプロパティにまとめて保管されています。query.○○というようにquery内にあるパラメーター名のプロパティから値を取得すればいいのです。

パラメーターを受け取るページを作る

　では、ファイル名を使ってパラメーターを受け取る例を作成してみましょう。「pages」フォルダー内に、新たに「name」というフォルダーを作成してください。そしてこのフォルダーの中に、更に「[name].tsx」という名前でファイルを作成しましょう。

　これで、/name/○○というパスでアクセスすると、この[name].tsxのコンポーネントに○○という値が渡されるようになります。○○は、nameというパラメーターとしてuseRouterで得られたオブジェクトから値を取り出せるようになります。

[name].tsxのコードを作成する

　では、コードを作成しましょう。作成した[name].tsxを開き、以下のようにコードを記述してください。

リスト4-10

```
import { Inter } from 'next/font/google'
import Link from 'next/link'
import { useRouter } from 'next/router'

const inter = Inter({ subsets: ['latin'] })

export default function Name() {
  const router = useRouter()
  return (
    <main>
      <h1>Name page.</h1>
      <p>Your name: <b>"{router.query.name}"</b>.</p>
      <div><Link href="/">Go Back!!</Link></div>
    </main>
  )
}
```

Chapter 1

Chapter 2

Chapter 3

Chapter 4

Chapter 5

Chapter 6

Chapter 7

Chapter 8

Addendum

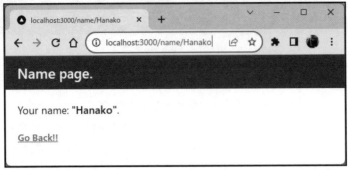

図 4-6　/name/○○とパスを指定してアクセスすると、○○の名前が表示される

　修正できたら、実際にアクセスをしてみましょう。/name/○○というようにパスを指定してアクセスをしてみてください。「Your name: ○○.」とメッセージが表示されます。パスに指定した値がパラメーターとしてコンポーネントに渡されていることがわかるでしょう。

　ここでは、インポートしたuseRouterを以下のように呼び出しています。

```
const router = useRouter()
```

　これで、routerにルーターの情報がオブジェクトとして取り出されました。後は、ここから必要な値を取り出すだけです。

```
<p>Your name: <b>"{router.query.name}"</b>.</p>
```

　router.query.nameで、[name].tsxに渡されたnameプロパティの値が取り出されています。queryからパラメーター名のプロパティを指定すれば、その値が得られるのです。

NEXT. 複数パラメーターの取得

　Pagesルーターでは、コンポーネントファイルの名前を[○○].tsxとすることでパラメーターを受け取れることがわかりました。では、複数のパラメーターを利用する場合はどうすればいいのでしょうか。ファイル名を使う限り、渡せるパラメーターは1つしかありません。

　実は、Pagesルーターではフォルダー名に[○○]を指定することもできるのです。フォルダーとファイル名の両方に[○○]という名前をつけておけば、複数のパラメーターを取り出すことができます。

　では、これも実際に試してみましょう。まず、事前にスタイルクラスを追記しておきます。globals.cssを開き、以下のようにコードを追記しておいてください。

リスト4-11

```
ul, ol {
  @apply text-2xl m-5 list-disc;
}
li {
  @apply text-xl mx-5 text-blue-700;
}
```

これでリストの表示に関するスタイルクラスが用意できました。渡されたパラメーターの値をリストにまとめて表示させましょう。

パラメーター用のフォルダーとファイルを作る

では、ページを用意しましょう。今回は、/name/[name]/[pass] というような形でパラメーターを渡せるようにしてみます。

まず、「name」フォルダーの中に「[name]」という名前でフォルダーを作成してください。そしてこの [name] フォルダーの中に、更に「[pass].tsx」という名前でファイルを用意してください。

ファイルを作ったら、そこに以下のコードを記述しましょう。

リスト4-12

```
import { Inter } from 'next/font/google'
import Link from 'next/link'
import { useRouter } from 'next/router'

const inter = Inter({ subsets: ['latin'] })

export default function Name() {
  const router = useRouter()
  return (
    <main>
      <h1>Name page.</h1>
      <ol>Parameter:
        <li>Name:{router.query.name}.</li>
        <li>Pass: {router.query.pass}.</li>
      </ol>
      <div><Link href="/">Go Back!!</Link></div>
    </main>
  )
}
```

Chapter
1

Chapter
2

Chapter
3

Chapter
4

Chapter
5

Chapter
6

Chapter
7

Chapter
8

Addendum

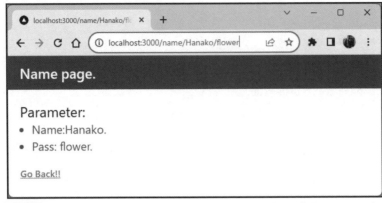

図 4-7 /name/名前/パスワード、という形でアクセスすると名前とパスワードを送れる

　記述できたら、実際にアクセスして動作チェックです。例えば、/name/Hanako/flower とアクセスをしてみると、「Name: Hanako」「Pass: flower」というように結果が表示されます。

　ここでは、useRouter でオブジェクトを取得した後、以下のように値を利用しています。

```
<li>Name:{router.query.name}.</li>
<li>Pass: {router.query.pass}.</li>
```

　[name] フォルダーの値が router.query.name で取り出され、[pass].tsx のファイルの値が router.query.pass で取り出されています。フォルダーでもファイルでも [○○] と名前を指定すれば、それが query から取り出されるようになっているのです。これなら、いくつでもパラメーターを渡すことができますね。

Section
4-3 レイアウトと 初期プロパティ

NEXT. レイアウトのカスタマイズ   NEXT.

　ページのレイアウトを考えたとき、Pagesルーターは、Appルーターと大きく異なる点があります。それは「アプリケーション全体で使えるレイアウトが用意されていない」という点です。

　作成したページのコンポーネントでは、すべての表示を作成する必要があります。これはちょっと面倒ですね。基本的なヘッダーやフッターなどの共通レイアウトを用意しておくことができれば、ページの作成も随分と楽になります。

　実をいえば、ページのレイアウト機能がPagesルーターにまったくないわけではありません。Pagesルーターでは、_app.tsxから各コンポーネントを読み込んでページを表示します。ということは、_app.tsxをカスタマイズすれば、すべてのページで適用されるレイアウトも用意できるはずですね。

_app.tsxの仕組み

　ここで、改めて_app.tsxがどのようになっていたか振り返ってみましょう。このコンポーネントは以下のようになっていました。

リスト4-13

```
export default function App({ Component, pageProps }: AppProps) {
  return <Component {...pageProps} />
}
```

　非常にシンプルですね。引数で渡されたComponentとpagePropsというものを使い、<Component {...pageProps} />というようにコンポーネントを返しているだけです。このComponentとpagePropsに、呼び出されるページのコンポーネントとページのプロパティ情報が渡される、と考えてください。

　ということは、ページ全体のレイアウトをJSXで用意し、その中のコンテンツを表示する

Chapter 1
Chapter 2
Chapter 3
Chapter 4
Chapter 5
Chapter 6
Chapter 7
Chapter 8
Addendum

ところに<Component />を埋め込むようにしてreturnすれば、レイアウトの中にコンポーネントを組み込んで表示できるようになるはずですね。

レイアウト用コンポーネントを作る

では、実際に簡単なレイアウト用コンポーネントを作ってみましょう。「pages」フォルダー内に「_layout.tsx」という名前でファイルを作成してください。そして以下のようにコードを記述しましょう。

リスト4-14

```tsx
export default function Layout({ children }) {
  return (
    <>
      <h1 className="header">Next Application</h1>
      <main>{children}</main>
      <hr className="footer" />
      <p className="footer">copyright 2023 SYODA-Tuyano.</p>
    </>
  )
}
```

普通のコンポーネントと基本的には変わりありません。唯一違うのが、{ children }という引数が用意されている点です。実は、これは普通のコンポーネントでも利用できるのですが、コンポーネント内に更に別のコンポーネントなどが組み込まれるような場合、自身の中に組み込まれている子コンポーネント類がこれで渡されるようになっているのです。

ここでは、<h1>でヘッダーを表示し、<hr />と<p>でフッターを表示するようにしています。そしてページのコンポーネントは、<main>というコンポーネントを使っています。この<main>は、このページのコンテンツとして渡されるコンポーネントが組み込まれる場所を示すものです。つまり、ページ用のコンポーネントが表示されるとき、この<main>部分にそのコンポーネントが組み込まれるというわけです。

これで単純ですがレイアウトができました。合わせて、レイアウト用のスタイルクラスも用意しておきましょう。globals.cssを開いて以下を追記してください。

リスト4-15

```css
h1.header {
  @apply text-2xl font-bold m-0 mb-5 px-5 py-3 text-white bg-red-900;
}
hr.footer {
```

```
    @apply mt-10 mb-1 p-0;
}
p.footer {
    @apply m-0 text-center text-sm font-bold;
}
```

　ここではヘッダーとフッター用に3つのクラスを用意しておきました。これらが、それぞれ_layout.tsxの<h1>と<hr/>、<p>に適用されます。

_app.tsxを修正する

　では、作成したLayoutコンポーネントを使ってページが表示されるようにしましょう。_app.tsxを開き、以下のようにコードを修正してください。

リスト4-16

```
import '@/styles/globals.css'
import type { AppProps } from 'next/app'
import Layout from './_layout'

export default function App({ Component, pageProps }: AppProps) {
  return (
    <Layout>
      <Component {...pageProps} />
    </Layout>
  )
}
```

　こうなりました。Layoutコンポーネントを_layout.tsxからインポートして利用しています。それまで<Component />をreturnしているだけだったものを、<Layout>で挟んでreturnするようにしました。

　これで、<Component />がLayoutコンポーネントに子コンポーネントとして渡され、<main>に表示されるような仕組みができました。

Chapter
1

Chapter
2

Chapter
3

Chapter
4

Chapter
5

Chapter
6

Chapter
7

Chapter
8

Addendum

レイアウトを利用する

では、実際にレイアウトを使ってページを表示しましょう。サンプルとして、index.tsx を以下のように書き換えてみてください。

リスト4-17

```
import { Inter } from 'next/font/google'
import Link from 'next/link'

const inter = Inter({ subsets: ['latin'] })

export default function Home() {
  return (
    <main>
      <p>This is sample page.</p>
      <div><Link href="/other">Go "Other".</Link></div>
    </main>
  )
}
```

図4-8 Layoutコンポーネントでレイアウトされたページが表示される

これで、Layoutコンポーネントを使ってページをレイアウトしたものが表示されます。ここでは、<main>には<p>によるメッセージと<div>内のリンクしかありません。しかし実際に表示されるページでは、ヘッダーとフッターが表示されているのがわかります。Layoutにより、ヘッダーとフッターの中にページのコンポーネントが組み込まれて表示されているのがわかるでしょう。

必要な情報をレイアウトに渡す

　これで一応、簡単なレイアウトはできましたが、しかしこのままではちょっと問題もあります。ヘッダーやフッターの表示が固定されていて、ページごとに変更できないのです。フッターは共通でも問題ないでしょうが、ヘッダーの表示は各ページごとにタイトルを設定できるようにしたいですね。

　これには、ページ用のプロパティを用意し、それをレイアウト用コンポーネントで利用するようなやり方をする必要があります。

　ただし、あらかじめいっておきますが、この「ページ用のプロパティ」を扱うための機能は、次章で説明する「レンダリング」と深い関係があります。ページ用のプロパティは、Next.jsで行われる「サーバーサイドレンダリング」で利用されている機能を使って渡す必要があるのです。

　ということで、ここでは簡単にその使い方を説明しますが、このプロパティの機能を本格的に使うようになるのは次章以降だ、ということを念頭に置いて読んでください。ここでは「次に説明する機能をちょっとだけ借りて使っている」と考えておきましょう。

静的プロパティについて

　この「サーバーサイドレンダリング」というもので使われる機能は、「静的プロパティ」というものです。これは、途中で動的に値が変更されたりしないプロパティのことです。

　これは、ページのコンポーネント側に「getStaticProps」という関数を用意して使います。これは、そのページの静的プロパティを返す関数なのです。これを用意しておくことで、それぞれのページで静的プロパティが設定できるようになります。

　ページに用意した静的プロパティは、Appコンポーネントで引数として受け取ることができきます。後は、受け取った値を使ってレイアウト用コンポーネントを呼び出すようにすればいいのです。

　この「静的プロパティ」については、次章できちんと説明しますので、今は「そういうものを使うと、ページのコンポーネントからAppコンポーネントに値を渡せるんだ」ということだけ理解しておきましょう。

静的プロパティの利用

では、静的プロパティを利用する形にコードを修正していきましょう。まずは_app.tsxからです。これは、以下のように修正をします。

リスト4-18

```
import '@/styles/globals.css'
import type { AppProps } from 'next/app'
import Layout from './_layout'

export default function App({ Component, pageProps }: AppProps) {
  return (
    <Layout {...pageProps}>
      <Component {...pageProps} />
    </Layout>
  )
}
```

どこが変わっているのか？ というと、Layoutコンポーネントの部分です。<Layout {...pageProps}>というように、引数で渡されたpagePropsをLayoutの属性として渡すようにしています。これで、Layoutでもプロパティが使えるようになります。

_layout.tsxを修正する

では、レイアウト用コンポーネントを修正しましょう。_layout.tsxを開き、コードを以下のように書き換えてください。

リスト4-19

```
export default function Layout({ children, data }) {
  return (
    <>
      <h1 className="header">{data.title}</h1>
      <main>{children}</main>
      <hr className="footer" />
      <p className="footer">copyright 2023 SYODA-Tuyano.</p>
    </>
  )
}
```

Chapter
1

Chapter
2

Chapter
3

Chapter
4

Chapter
5

Chapter
6

Chapter
7

Chapter
8

Addendum

　ここでは、引数に{ children, data }と値を指定しています。childrenは子コンポーネントが保管されたものです。そしてdataが、Appコンポーネントから渡される値になります。Appでは、pagePropsの内容をLayoutの属性に設定して呼び出していましたね？ ということは、dataという値がプロパティとして渡されたなら、それがこのdata引数に取り出されるようになる、ということになります。

　ここでは、{data.title}というようにしてタイトルの値を取り出し、ヘッダーに表示しています。ページのプロパティとしてtitleという値をdataにいれて渡すようにすれば、それがここで取り出され表示されるようになる、というわけです。

静的プロパティを用意する

　これでレイアウト側の準備は整いました。後は、ページで静的プロパティを用意して渡すようにするだけです。

　静的プロパティは、GetStaticPropsという関数を使います。これを利用するには以下のようにimport文を用意します。

```
import { GetStaticProps } from 'next'
```

　このgetStaticPropsは、プロパティを返す関数を定義し、これを代入することで機能するようになります。この作業は以下のような形で行います。

```
export const getStaticProps = (（引数) => { return 値 })
```

　引数に、(引数) => { return 値 }というような形でアロー関数を用意します。Next.jsでgetStaticProps が呼び出されると、このアロー関数が実行され、returnされた値が静的プロパティとして渡されるようになるわけです。

index.tsxで静的プロパティを使う

　では、実際に静的プロパティを使ってみましょう。例として、index.tsxを開いてコードを修正することにします。以下のように内容を書き換えてください。

リスト4-20
```
import { Inter } from 'next/font/google'
import Link from 'next/link'
import { GetStaticProps } from 'next'
```

```
export const getStaticProps = ( (context) => {
  const data = {
    title:"Index page",
    msg:"これはトップページです。"
  }
  return { props: { data } }
})

const inter = Inter({ subsets: ['latin'] })

export default function Home({data}) {
  return (
    <main>
      <p>{data.msg}</p>
      <div><Link href="/other">Go "Other".</Link></div>
    </main>
  )
}
```

図 4-9 アクセスすると、タイトルにページで用意した値が表示されるようになった

　修正したらトップページを確認しましょう。ヘッダーの部分に、index.tsx側で用意したタイトルが表示されるようになりました。ページの静的プロパティがレイアウトで使われるようになったことがわかります。

　では、コードを見てみましょう。ここでは、getStaticPropsの引数に以下のような関数を用意しています。

```
(context) => {
  const data = {
    title:"Index page",
    msg:"これはトップページです。"
  }
  return { props: { data } }
}
```

　titleとmsgという値を持つdataを用意し、これを{ props: { data } }というようにしてreturnしています。このpropsに設定された値が、AppコンポーネントでpagePropsとして渡されることになります。そして、その中のdataがそのままLayoutの属性として指定され、Layoutコンポーネントに引数として渡される、ということになります。

　静的プロパティは、コンポーネントからコンポーネントへと値が渡されていくため、慣れないと非常にわかりにくいのですが、「この値が次のコンポーネントにこの引数として渡される」というポイントをしっかり抑えておけば決して難しいものではありません。

　次の章で、更にきちんと使い方を説明しますので、ここではそれほど深く理解しなくとも大丈夫です。「どうすればページのコンポーネントからアプリケーションやレイアウト用のコンポーネントに値を渡せるか」という基本だけわかれば十分でしょう。

Chapter
1

Chapter
2

Chapter
3

Chapter
4

Chapter
5

Chapter
6

Chapter
7

Chapter
8

Addendum

Appルーターと React Server Component　　**Column**

コラム
NEXT

　Next.js で新たに追加された App ルーターの仕組みは、React で仕様が検討されている「React Server Component」という機能の実装です。

　React Server Component は、React にサーバー側で動作するコンポーネントの機能を実現するためのもので、その仕様に沿って実際に使えるサーバーコンポーネントとして実装されたのが Next.js の App ルーターです。

　Next.js では、それ以前から Pages ルーター方式でサーバー側でページを処理できましたが、React Server Component の登場により、それに合わせた方式として新たに App ルーター方式を作成したのですね。Next.js に 2 つのルーター方式があるのは、このような事情からなのです。

　今後、React が正式にサーバーコンポーネントを採用し実装するようになれば、Next.js でも App ルーター方式が主流となるでしょう。今後の React 側の動きについても注目しておきましょう。

Chapter

5

ページレンダリング

ページのレンダリングは、AppルーターとPagesルーターというルーターシステムによって違ってきます。ここではPagesルーターのStatic-Site GenerationとServer-Side Rendering、そしてAppルーターのサーバーコンポーネントとクライアントコンポーネントについて説明していきます。

ポイント

▶ PagesルーターとAppルーターの違いを把握しましょう。

▶ PagesルーターのSSGとSSRがどのようなものか考えましょう。

▶ getStaticPropsとgetServerSidePropsの違いを考えましょう。

Section
5-1

Pagesルーターとサーバーサイドレンダリング

NEXT サーバーとクライアント

Next.jsは、サーバーからクライアントまですべてを一体化して提供するフレームワークです。しかし、ここまでコンポーネントについていろいろと説明をしてきましたが、「サーバー」に関する話は全く出てきませんでした。

「コンポーネントはクライアントで動くものだから、これが終わったらサーバーの話になるのか？」と思っていた人も多いかもしれません。そうした人は、実は勘違いをしています。既にここまでの説明で、私たちは「サーバー側の機能」を使っていたのです。

ReactからNext.jsへ移行したことで、おそらく多くの人が漠然と「コンポーネント＝クライアントの技術」と思っていたのではないでしょうか。しかし、それは間違いです。Next.jsでは、クライアント側だけでなく、サーバー側の機能も持っています。そして、サーバー側であらかじめコンポーネントをレンダリングし、HTMLのページとして送信することもあるのです。

では、どのような場合にクライアント側でレンダリングされ、どういうものはサーバー側でレンダリングされるのでしょうか。Next.jsのレンダリングシステムについて説明をしていきましょう。

ルーターシステムとレンダリングシステムの関係

レンダリング方式について理解をする場合、まず頭に入れておいてほしいのが「ルーター」のシステムとの関係です。Next.jsでは、2つのルーターシステムがありました。Appルーターと Pagesルーターです。

この2つのルーターシステムは、それぞれレンダリングのシステムも違ってくるのです。以下に簡単にまとめておきましょう。

●Appルーターの場合

コンポーネント単位で、サーバーとクライアントのどちらで実行されるかが決まります。これらは、それぞれ以下のように分類されます。

サーバーコンポーネント	クライアントで動的に更新されないものは、サーバーコンポーネントとして扱われます。
クライアントコンポーネント	クライアント側で動的に更新されるものは、クライアントコンポーネントとして扱われます。

　この2つは、完全に分離しているわけではなく、ページの中で「この部分はサーバーコンポーネント、ここはクライアントコンポーネント」というように組み合わせて使われることもあります。

●Pagesルーターの場合
　ページごとに、そのページがどこでどのタイミングでレンダリングされるかが決まります。これは大きく3つにわかれます。

クライアントサイドレンダリング	クライアントで動的に更新されるものは、クライアント側に送られてからレンダリングされます。
スタティックレンダリング	静的なコンテンツは、ビルド時に事前にレンダリングされます。
ダイナミックレンダリング	動的なコンテンツは、クライアントからアクセスがあった際にサーバー側でその都度レンダリングされます。

　このように、ルーターシステムによってかなり違いがあるため、「どのルーターシステムでどういうレンダリングがされるか」をよく理解しておく必要があります。
　両者を混在して説明するとよくわからなくなってしまいますから、まずはPagesルーターによるレンダリングから説明をしていきましょう。そしてその後に、Appルーターのレンダリングについて説明することにします。

Pagesルーターにおけるレンダリング

　では、Pagesルーターにおけるレンダリングから説明をしましょう。Pagesルーターは、Next.jsに元から備わっているルーターシステムです。こちらが、Next.jsの基本と考えてもいいでしょう。
　Pagesルーターでは、コンポーネントは「どこで、いつレンダリングされるか」によっていくつかの種類に分類されます。
　「レンダリング」というのは、コンポーネントを実行してHTMLのコードとして出力する

作業のことです。Next.jsのコンポーネントは、TypeScriptの関数として定義されており、その中にJSXを使ったコンテンツが記述されています。これらは、当たり前ですがそのままではWebページとして表示されません。そこで、コンポーネント関数から返されるJSXのコードをHTMLのコードに変換して画面に表示しているのです。これが「レンダリング」です。

このレンダリングをどこでいつ行うか、それがコンポーネントにとっては非常に重要となります。

「どこで」というのは「サーバー側か、クライアント側か」です。そして、「いつ」というのは「ビルド時か、アクセス時か」なのです。

それぞれの違いについて説明していきましょう。

レンダリングされる場所の違い

まず、頭に入れておきたいのは、「コンポーネントがレンダリングされる場所」です。サーバー側でレンダリングされるのか、それともクライアント側でされるのか、という違いです。

Next.jsは、コンポーネントがどのような機能を持っているかによってサーバー側でレンダリングされるか、クライアント側でされるかを決めています。そう、コンポーネントは、あらかじめサーバー側でレンダリングされてHTMLのコードに変換されて表示されることもあるのです。

では、サーバー側かクライアント側かを分ける決め手は何でしょうか？ それは、「クライアント側で動的に変化するかどうか」です。

サーバーサイドレンダリング

Next.jsは、コンポーネントがクライアント側で動的に変化するかどうかをチェックし、変化しない場合はサーバー側でレンダリングをします。サーバー側でレンダリングする場合は、更に次の「いつレンダリングするか」によってコンポーネントの種類がわかれます。

コンポーネントでリアルタイムに表示を更新するような操作がない場合、そのコンポーネントはサーバー側でレンダリングされます。

サーバーサイドレンダリングは、あらかじめサーバー側でHTMLコードが生成されてから送られるため、クライアント側に負担がありません。表示や動作などもクライアントサイドレンダリングされるコンポーネントに比べて高速です。

クライアントサイドレンダリング

クライアント側で動的に表示が更新されるような場合、そのコンポーネントはサーバー側では特に操作されず、クライアントに送られた後でレンダリングされ表示されます。

クライアントサイドレンダリングされるコンポーネントは、まず「Reactのコンポーネントの更新機能を使うもの」が挙げられるでしょう。ステートやイベント処理などにより表示が更新されるようなものはクライアントサイドでレンダリングされます。

この他、クライアント側から必要に応じてデータを取得して表示するようなものも、場合によってはクライアントサイドでレンダリングされます(ただし、サーバーサイドでレンダリングされるような作りもあります)。

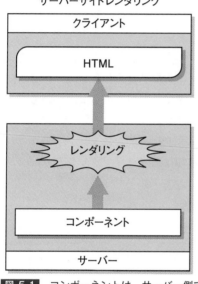
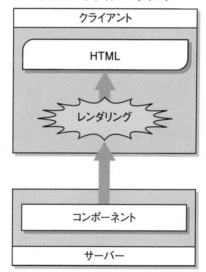

図 5-1 コンポーネントは、サーバー側でレンダリングして送られるものと、クライアントに送られてからレンダリングされるものがある

NEXT レンダリングされるタイミングの違い

サーバーサイドレンダリングのコンポーネントは、「いつレンダリングするか」によって更に2種類に分けられます。

Next.jsのプロジェクトは、実行する前にまずアプリケーションをビルドします。そして完成したアプリケーションが実際に実行されます。これまで「npm run dev」で動作確認をしてきましたが、これはビルドしてデバッグモードで実行する作業を自動的に行うものだっ

たのです。実際にプロジェクトが完成し正式に公開する場合は、プロジェクトをビルドし、生成されたアプリケーションをデプロイするのですね。

こうした「プロジェクトの内容を記述してからアプリケーションが実行されるまで」の流れを理解すると、Next.jsのコンポーネントは、サーバー側でHTMLのコードに変換（レンダリング）するタイミングが2つあることに気がつくでしょう。1つは、アプリケーションにアクセスがあったときにサーバー側でレンダリングしてから送信する、というタイミング。そしてもう1つは「アプリケーションをビルドしたときにレンダリングしておく」というタイミングです。

スタティック（静的）レンダリング

コンポーネントのうち、表示が全く変化しないものは、ビルドする際にあらかじめHTMLコードに変換しておくことができます。このようなレンダリング方式を「スタティック（静的）レンダリング」といいます。

スタティックレンダリングでは、アプリケーションが生成されたときにはもう静的コンテンツに変換されており、実行時には一切レンダリング作業が必要ありません。ただのHTMLであるため表示もスピーディですし、レンダリング作業でサーバーに負荷がかかることも全くありません。

ただし、事前にレンダリング済となっているため、完全に静的なコンテンツでなければいけません。アクセスによって表示が変化するようなものはスタティックレンダリングはできません。

ダイナミック（動的）レンダリング

サーバーサイドでレンダリングするものの内、スタティックレンダリングできないものは、クライアントがアクセスした際にサーバーでレンダリングされ、HTMLのコードに変換された形でクライアントに送られます。これはアクセスがある度にその場で動的にレンダリングされるため「ダイナミック（動的）レンダリング」と呼ばれます。

ダイナミックレンダリングされるコンポーネントは、アクセスごとに表示が変化するようなものです。例えば、ダイナミックルーティングを使い、/1にアクセスするとid=1のデータを表示する、というようなコンポーネントがあったとしましょう。このようなものはビルド時にレンダリングしておくことができません。しかし表示内容は決まっており、クライアント側で操作するようなこともないのであれば、アクセス時に表示をレンダリングして送信することが可能です。

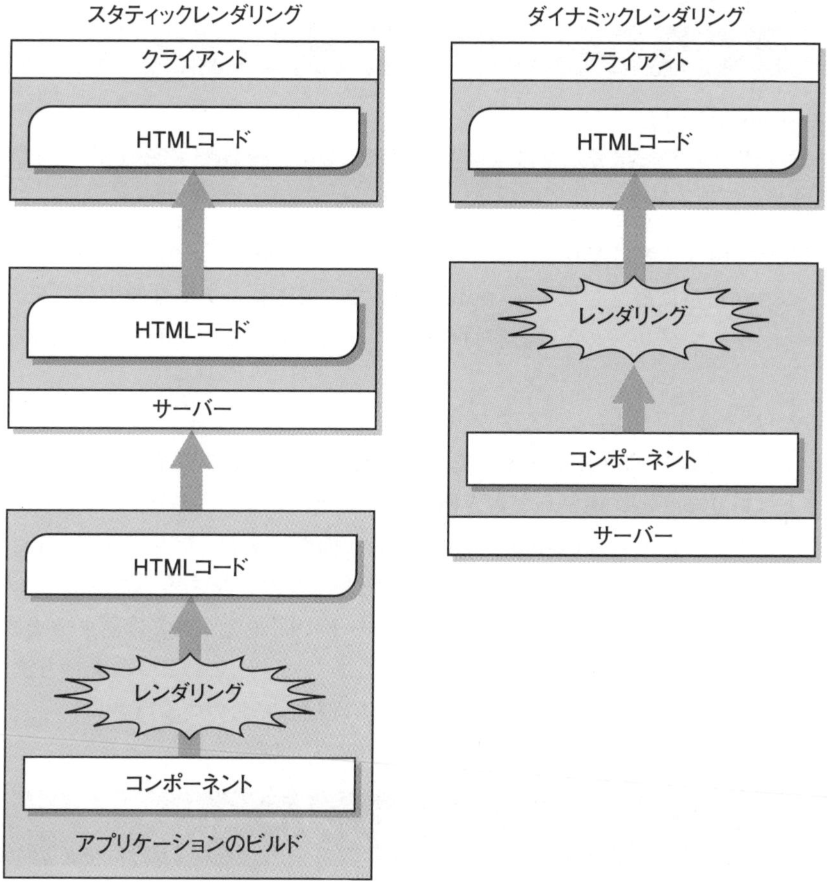

スタティックレンダリング ダイナミックレンダリング

図 5-2　サーバーサイドレンダリングの2つの種類。ビルド時にレンダリング済になっているものと、アクセス時にレンダリングするものがある

ビルドと製品アプリの実行

　この「サーバー側のレンダリング」について説明と動作確認を行う場合、これまでとは違うアプリの実行方法を覚えておく必要があるでしょう。

　これまで、アプリの実行は「npm run dev」を使って開発モードで動かしてきました。これで十分動作確認はできます。が、「スタティックレンダリング」などを使おうと思った場合、これでは正確な挙動がわからないこともあるでしょう。なぜなら、開発モードでは、実際にアプリをビルドしてそれを動かしているわけではないからです。

　スタティックレンダリングで完全に静的ページを生成して動作を確認するためには、プロジェクトをビルドし、生成されたアプリを実行して動かす必要があります。これは、以下のようなコマンドを使います。

●**プロジェクトのビルド**

```
npm run build
```

●**生成されたアプリの実行**

```
npm start
```

　これは、連続して使うことになります。まず、「npm run build」でアプリケーションのビルドを行い、これが正常に終了したら、「npm start」で生成されたアプリを実行します。これで、スタティックレンダリングされた静的ページなどもきちんとアクセスして動作を確認できます。

　ただし、これは「ビルドして作られたアプリを動かす」わけですから、これまでのように、コンポーネントファイルやCSSのファイルを書き換えたらその場で表示が更新される、というようなことはありません。編集して書き換わるのはプロジェクトのファイルであり、ビルドして作られたアプリは何も変わらないのですから。面倒ですが、アプリを終了し、npm run buildで再生成し、再びnpm startで実行する、というやり方をする必要があります。

　単純な動作確認であれば、npm run devの開発モードで問題なく動作確認できます。しかし、中にはこれでは正確な挙動がわからないものもあります。この2つの実行方法(開発モードと正式アプリの起動)について、ここできちんと理解しておいてください。

NEXT. クライアントサイドレンダリングについて

　では、もっともイメージがしやすい「クライアントサイドレンダリング(Client-Side Rendering、略称CSR)」から見ていきましょう。

　これは文字通り、すべてのページ表示をクライアント側で生成する方式です。クライアント側では、必要最小限のHTMLとJavaScriptコードをサーバーから取得します。そしてJavaScriptを利用し、クライアント側にUIを構築していきます。表示が更新されたり、イベントが発生するなどして更新する必要が生じると、JavaScriptによりUIが更新されます。これはすべてを再生成するわけではありません。必要な箇所のみが再レンダリングされるため、表示は比較的高速です。

　Next.jsでは、サーバー側でレンダリング可能なものは自動的にサーバーサイドでレンダリングされます。クライアントサイドでレンダリングされるのは、サーバー側では実行できない処理がある場合のみです。これは、以下のような処理です。

● Reactのステートなど、クライアントサイドでのみ動作する機能を利用している場合。
● クライアント側で外部データにアクセスするなどの処理を行っている場合。

これらの処理が行われている場合、Next.jsはそのページをクライアントサイドレンダリングの対象と判断し、サーバー側でのレンダリングを行わなくなります。

明示的にクライアントでレンダリングさせる

こうした処理を行っていない場合、Next.jsは自動的にサーバー側でページをレンダリングします。もし、「これはクライアント側でレンダリングしてほしい」というような場合は、コンポーネントのソースコードの冒頭に以下の一文を追記します。

```
'use client'
```

これが記述されていると、Next.jsはそのページをクライアント側でレンダリングするものと判断します。

クライアントサイド＝普通のReactページ

クライアントサイドレンダリングの使い方は、特別なことはありません。クライアントサイドですべてレンダリングするというのは、わかりやすくいえば「普通のReactコンポーネントによるページ」と考えていいでしょう。Next.js独自の機能などを一切使っていない、Reactの機能だけでUIを構築しているようなページです。

従って、「クライアントサイドレンダリング特有の機能」などは、ありません。「Reactでページを作っている」と考えてコードを書けば、ごく自然にクライアントサイドになるでしょう。

Section 5-2 PagesルーターとStatic Site Generation

NEXT SSG（Static Site Generation）について NEXT

　さまざまな機能が用意されているのは、サーバーサイドレンダリングです。まずは、その中の「スタティック（静的）レンダリング」から説明しましょう。

　スタティックレンダリングは、アプリケーションをビルドする際にコンポーネントを完全にHTMLのコードに変換する方式です。ビルド時に事前にHTMLコードに変換し、完全に静的なWebアプリケーションとして生成する、この機能は「Static Site Generation（SSGと略）」と呼ばれています。

　SSGは、結果的に「HTMLとJavaScriptだけでできたWebサイト」を作成します。「Next.jsでReactベースでWebアプリを作る」といっても、SSGとして開発をすれば、それは完全に「ただのHTMLのWebサイト」になるのです。

　わざわざNext.jsというフレームワークを使って作るのに、ただのHTMLのWebサイトなんて作るのか？　と思ったかもしれませんね。もちろん、すべてが「ただのHTMLのWebサイト」をNext.jsで作ることはそれほど多くないでしょう。けれど、Webサイトの一部のページがただのHTMLだけでできている、ということはよくあります。例えばコピーライトの表示や企業情報などのページは、多くの場合、ただ説明のコンテンツが並んでいるだけでしょう。そんなページまで、Reactをフルに活かしたダイナミックなコンテンツを用意する必要はありません。

　Next.jsでは、こうした「ただコンテンツを表示するだけのページ」であれば、SSGとして静的コンテンツとしてビルドしておくことが可能です。そうすることでサーバーやクライアント側の余計な負担をなくし、スピーディにコンテンツを表示できるようになります。

Pagesルーターのプロジェクトを準備する

　では、実際にPagesルーターのプロジェクトを使ってサンプルを動かしながら説明していきましょう。まず、前章で使っていた「sample_next_page」フォルダーをVisual Studio Codeで開いてください。そして「pages」フォルダー内の_app.tsxを開き、App関数の部分をレイアウトを利用しない形にコードを直しておきます。

リスト5-1

```
export default function App({ Component, pageProps }: AppProps) {
  console.log(pageProps)
  return <Component {...pageProps} />
}
```

　これで、どのページも_layout.tsxを使わずに表示されるようになりました。サーバーサイドレンダリングはいろいろわかりにくい部分もあるので、もっともシンプルな形に戻して例を作成していくことにします。

典型的なスタティックレンダリング・ページ

　では、どのようなページが、SSGによるスタティックレンダリングを利用するのでしょうか。それは、「完全に静的なページ」です。動的に変化する要因が一切ないページです。
　完全に静的なページとはどういうものか、簡単な例を挙げておきましょう。「pages」フォルダーのindex.tsxを開いて以下のようにコードを修正してください。

リスト5-2

```
import { Inter } from 'next/font/google'

const inter = Inter({ subsets: ['latin'] })

export default function Home() {
  return (
    <main>
      <h1 className="header">Static page</h1>
      <p>これは、静的ページです。ビルド時にレンダリングされています。</p>
    </main>
  )
}
```

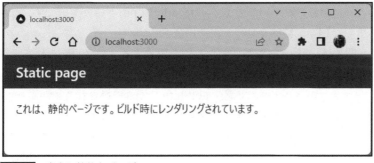

図5-3　完全に静的なページ

これでトップページにアクセスすると、Static pageというタイトルのページが表示されます。これは、完全に静的なコンテンツのページです。このページはビルド時にレンダリングされ、HTMLのコードとしてアプリケーションに用意されます。

ここでは、表示するコンテンツはJSXで記述されており、そこには何の変数も式も埋め込まれてはいません。リテラル以外の値は使われておらず、変数も定数もありません。誰がいつこのページにアクセスしても、完全に同じコンテンツが表示されます。動的に変化する要因は全くありません。

このように「すべて静的な値のみで構成されている」ページが、完全に静的なページです。こうしたページは、ビルド時にレンダリングされて表示されます。

静的プロパティの利用

完全に静的なページは、すべての値がリテラルとして用意されています。変数などは全くありません。

これはこれで悪くはないのですが、表示するコンテンツの内容なども「すべてJSX内にリテラルとして記述する」というのでは、ページの作成がかなり面倒になります。特に、必要に応じてアップデートされる値がある場合は、すべてページにコンテンツとして書いていくのは効率的ではありません。別に値を用意しておき、それを必要に応じてJSXに埋め込み表示させるほうが遥かにわかりやすくなります。

このように「別に用意した値を渡してページを作成する」という場合、注意したいのは「値をどう用意するか」です。やり方を間違えれば、サーバーサイドでは実行できないと判断され、クライアントサイドレンダリングに変わってしまいます。スタティックレンダリングを保ちながら、必要な値をコンポーネントに渡してページを作成できるようにするためにはどうすればいいのでしょうか。

getStaticProps関数について

このような場合のために用意されているのが、「getStaticProps」という関数です。これは、前章で少しだけ使いました（4-3「静的プロパティを用意する」参照）。

このgetStaticProps関数は、静的ページで使われる値を用意するために用いられます。ページのコンポーネントが記述されているtsxファイルにgetStaticProps関数を用意しexportしておくと、アプリケーションがビルドされる際、getStaticPropsで得られる値がキャッシュされ、その値を利用する形でページがスタティックレンダリングされます。

getStaticPropsによって用意されるプロパティは完全に静的なコンテンツであり、ビルド時に静的な値に変換されます。このため、これにより用意されるプロパティを利用しても、それは「動的な値を使っている」とは判断されません。getStaticPropsの値は静的プロパティであり、これを利用したページも静的ページのままなのです。

getStaticProps の使い方

このgetStaticProps関数は、ページのコンテンツが用意されているtsxファイル内に、以下のような形で記述します。

●静的プロパティの作成（1）

```
export function getStaticProps({ params }) {
    ……処理……
    return 値
}
```

●静的プロパティの作成（2）

```
export const getStaticProps = (（引数）=> { return 値 })
```

通常のfunctionを使った関数として定義する方法と、アロー関数を関数リテラルとして用意する方法を挙げておきました。これで、このページがSSGでビルドされる際、returnされる値がコンポーネントに引数として渡されるようになります。

受け取るコンポーネントの側は、以下のような形で引数を用意します。

●静的プロパティを受け取るコンポーネント関数

```
export default function 名前({ children, プロパティ名}) {……}
```

第1引数のchildrenは、既におなじみとなっていますね。このコンポーネントの内側に組み込まれる子コンポーネント類がまとめられている値です。そしてこれ以降に、getStaticPropsで渡されるプロパティが引数として用意されていきます。

なお、このchildrenは、コンポーネント内に子コンポーネントを保つ場合にのみ必要となるものですので、子コンポーネントがない場合は記述する必要はありません。

戻り値の扱い

このgetStaticPropsの注意ポイントは、「戻り値の構造」でしょう。returnでは、適当に値を返してもコンポーネント側でうまく利用できません。きちんと値を受け渡せるようにするためには、以下のような構造の値として戻り値を用意する必要があります。

●getStaticProps の戻り値

```
{
  props: {
    キー:値,
```

Chapter 1
Chapter 2
Chapter 3
Chapter 4
Chapter 5
Chapter 6
Chapter 7
Chapter 8
Addendum

```
    キー: 値,
    …略…
  }
}
```

　getStaticPropsの戻り値は、必要な値を1つのオブジェクトにまとめたものを「props」という値に割り当てて返します。つまり、静的プロパティは「戻り値のpropsプロパティとして返す」のです。

　では、この「getStaticPropsで返される値」と「コンポーネントの引数」の関係がどうなるか、その関係を見てみましょう。

●getStaticPropsから返す値

```
export function getStaticProps( { params } ) {
  return { props:{ a:値, b:値, c:値, …略… } }
}
```

●コンポーネントで受け取る引数

```
export default function 名前({ children, 引数a, 引数b, 引数c, ……}) {
  ……引数.a、引数.b、引数.cを利用する……
}
```

　どうでしょう、関係がわかりましたか？ getStaticPropsからreturnされた値は、コンポーネント側では、propsプロパティに保管されている値がそのまま引数として渡されるようになるのです。

NEXT. 静的プロパティを利用する

　では、実際にgetStaticPropsによる静的プロパティを利用してみましょう。ここでは、「pages」フォルダーにあるother.tsxをサンプルとして使うことにします。このファイルを開き、以下のようにコードを修正してください。

リスト5-3

```
import { Inter } from 'next/font/google'
import Link from 'next/link'

const inter = Inter({ subsets: ['latin'] })

export default function Other({ data }) {
```

```
    return (
      <main>
        <h1 className="header">{data.title}</h1>
        <p>{data.msg}</p>
        <div><Link href="/">Go Back!!</Link></div>
      </main>
    )
}

export function getStaticProps({ params }) {
  const data = {
    title:'Other page',
    msg:'これは静的プロパティのサンプルです。'
  }
  return {
    props: {
      data:data
    }
  }
}
```

図 5-4 /otherにアクセスすると、静的プロパティを使ったページが表示される

　修正したら、/otherにアクセスして表示を確認しましょう。ここでは、タイトルとメッセージが表示されたページが現れます。ここでのコンポーネントの内容を見ると、JSX内で以下のように値が使われていることがわかります。

```
<h1 className="header">{data.title}</h1>
<p>{data.msg}</p>
```

　コンポーネントのOther関数では、Other({ data })というようにして引数が渡されています。この引数dataからtitleやmsgといった値を取り出して表示していることがわかるでしょう。

本来、このように変数などを表示に使っているものは静的ページにならないのですが、ここで渡されているdata引数は、getStaticPropsによって用意される静的プロパティです。この値は、getStaticPropsから以下のように渡されています。

```
const data = {
  title:'Other page',
  msg:'これは静的プロパティのサンプルです。'
}

return {
  props: {
    data:data
  }
}
```

これで、定数dataの値が静的プロパティとしてページに渡されるようになります。このdataに用意されているtitleとmsgが、そのままJSXで{data.title}や{data.msg}として取り出されていたのです。

静的プロパティの目的は値の分離

ここまでの流れを見て、「なんとなく面倒だな」と感じたかもしれません。「どうせ静的ページを作るんだから、getStaticPropsなんて用意せず、JSXにそのまま値を書いておけばそれでいいんじゃないか？」と思った人も多いことでしょう。

しかし、そうすると、必要な値が更新されたとき、JSXのコードを書き換えることになります。ここでは簡単なサンプルですから書き換えるのは簡単ですが、これが数百行にもなる複雑なJSXコードだった場合を想像してみてください。コードの中から書き換える部分を探し出して修正するのは、かなり大変な作業となるでしょう。

書き換えたつもりでも見落として古い値が残っていたり、余計な部分を書き換えてコードがコンパイルエラーになることもあるはずです。長く複雑なコードを直接書き換えていくのは、決して簡単なやり方ではないのです。

getStaticPropsが提供するのは、「静的ページからの値の分離」です。JSXと値を完全に分離することで、値の更新時にJSXにタッチする必要がなくなるのです。

例えばこのサンプルならば、値を更新するとき、必要になるのはgetStaticProps関数の定数dataの修正だけです。コンポーネント本体には一切触れる必要がありません。そしてdataを修正すれば、その値を参照するすべての表示が自動的に更新されます。更新し忘れが生ずることもありません。JSXのコードが数十行から数百行になっても、値の更新は「getStaticPropsの定数dataを修正するだけ」です。

ダイナミックルーティングのSSG

静的プロパティで用意する値を使う限り、ページは静的ページとして扱われます。しかし、すべてのページがこれで問題解決するわけではありません。中には「どうしても動的な値が必要となる」ケースもあります。それは、「ダイナミックルーティング」を利用したページです。

ダイナミックルーティングは、フォルダー名やファイル名に [○○] という名前を用意することで、アクセスしたパスの一部をパラメーターとしてコンポーネントに渡せるようにするものです。例えば、/hoge/123にアクセスすると、hogeコンポーネントに123という値がパラメーターとして渡されるようにする、というものですね。

ダイナミックルーティングは、アクセスした際に渡したパラメーターを使って表示を作成しますから、一見したところ「動的ページであり、静的ページにはならない」と考えがちです。しかし、必ずしもそういうわけではありません。パラメーターとして渡す値が限定されている場合には、静的ページとして作成することが可能です。

例えば、/hoge/1、/hoge/2、/hoge/3のいずれかにしかアクセスしない、という場合。この場合、パラメーターで渡される値は1, 2, 3のいずれかです。ならば、「3つのパラメーターのそれぞれで得られる値」を静的プロパティとして提供すれば、静的ページとして作成できるのではありませんか？

getStaticPaths関数について

このような「限定されたダイナミックパス」に関する情報を提供するために用意されているのが「getStaticPaths」という関数です。これは、ダイナミックルーティングのページで、アクセスできるパスの配列を提供するものです。これは、以下のような形で定義します。

●**getStaticPaths関数**

```
export function getStaticPaths() {
  return {
    paths:パスの配列,
    fallback: 《boolean》
  }
}
```

このgetStaticPaths関数は、アクセスされるパスの配列を返すものです。戻り値には2つの値が用意されています。

pathには、アクセスを受け付けるパスの配列を用意します。これは、パスをstring値で記述したものを配列にまとめておきます。もう1つのfallbackは、それ以外のパスにアクセ

スがあった場合の挙動を指定するものです。falseにすると404エラー（ページが存在しない）となり、trueにするとダイナミックルーティングのパラメーターとしてページが呼び出されます。「ページが呼び出される」ということは、何らかの対処をしなければいけないわけで、この場合、「静的ページではなくなる」と考えていいでしょう。

パラメーターはgetStaticPropsに渡される

では、getStaticPathsで指定したパスにアクセスされた場合、ダイナミックルーティングによるパラメーターはどのように処理されるのでしょうか。

これは、実は先ほどの「getStaticProps」で処理することができます。getStaticProps関数は、以下のような形になっていましたね。

```
getStaticProps({ 引数 })
```

この引数に、ダイナミックルーティングによるパラメーターがプロパティとして保管されています。このパラメーターの値を元にページの静的プロパティを用意してreturnすれば、パラメーターに応じたプロパティを用意することができます。

NEXT. [name].tsxを静的ページにする

では、実際にダイナミックルーティングのページを静的ページとして作成してみましょう。先に、[name].tsxというダイナミックルーティングのページを作成していましたね。これを利用することにしましょう。

では、「pages」フォルダー内にある[name].tsxを開いて以下のようにコードを書き換えてください。

リスト5-4

```
import { Inter } from 'next/font/google'
import Link from 'next/link'
import { useRouter } from 'next/router'

const inter = Inter({ subsets: ['latin'] })

export default function Name({ data }) {
  const router = useRouter()
  return (
    <main>
      <h1 className="header">{data.title}</h1>
```

```
      <p>name: {router.query.name}</p>
      <p>message: {data.msg}</p>
      <div><Link href="/">Go Back!!</Link></div>
    </main>
  )
}


export function getStaticPaths() {
  const path = [
    '/name/taro',
    '/name/hanako',
    '/name/sachiko'
  ]
  return {
    paths:path,
    fallback: false
  }
}


export function getStaticProps({ params }) {
  const data = {
    taro:{
      title:'Taro-web',
      msg:"This is Taro's web site."
    },
    hanako:{
      title:'ハナコの部屋',
      msg:'ここは、ハナコの部屋です。'
    },
    sachiko:{
      title:'サチコのページ',
      msg:'ヤッホー、サチコのページだよー！'
    }
  }

  return {
    props: {
      data:data[params.name]
    }
  }
}
```

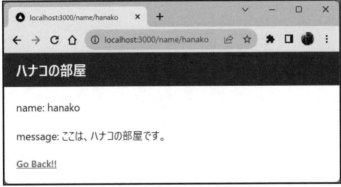

図 5-5 /name/taroだとtaroパラメーターの表示に、/name/hanakoだとhanakoパラメーターの表示になる

　ここでは、nameパラメーターの値として、taro, hanako, sachikoの3つを用意しておきました。/name/taroにアクセスすると、taroパラメーターによるページが表示されます。/name/hanako、/name/sachikoとすると表示されるページのコンテンツが変わるのがわかるでしょう。

getStaticPaths関数の処理

　では、実行している処理を見てみましょう。まずは、getStaticPaths関数です。ここで行っているのは割とシンプルなものです。

　まず、受け付けるパスを配列にまとめたものを用意します。

```
const path = [
  '/name/taro',
  '/name/hanako',
  '/name/sachiko'
]
```

パスの配列は、このように各パスのstring値をまとめます。パラメーターの部分だけでなく、/name/taroというようにルートからのパスを指定します。

こうしてパスの配列が得られたら、それをオブジェクトにまとめて返します。

```
return {
  paths:path,
  fallback: false
}
```

fallbackにはfalseを指定しました。これにより、pathsに用意したパス以外にアクセスがされると404エラーが発生するようになります。

getStaticProps関数の処理

続いて、静的プロパティを用意するgetStaticProps関数です。ここでは、まず元になるデータを定数として用意してあります。

```
const data = {
  taro:{
    title:'Taro-web',
    msg:"This is Taro's web site."
  },
  ……略……
}
```

定数data内には、taro, hanako, sachikoといったキーにオブジェクトが用意されています。それぞれのオブジェクトには、titleとmsgという値が用意されています。

引数のparamsからnameパラメーターの値を取得し、これを使ってdataから値を取り出して戻り値を用意しています。

```
return {
  props: {
    data:data[params.name]
  }
}
```

戻り値のpropsにdataという値を持つオブジェクトを指定しています。これで、dataプロパティとして必要な値がコンポーネントへ渡されるようになります。

Nameコンポーネントの処理

これで、パラメーターと静的プロパティの用意ができました。後は、コンポーネントでこれらの値を利用した表示を作るだけです。

Name関数では、以下のように定義がされていました。

```
export default function Name({ data }) {……
```

引数には、dataが用意されています。このdataに、先ほどのgetStaticPropsで返されたpropsのdataプロパティが渡されます。

ここではその他、パラメーターとして渡された値を得るためにuseRouter関数も用意しています。

```
const router = useRouter()
```

これでrouterオブジェクトにパスのパラメーター情報が用意されます。returnしているJSXを見ると、このように値が埋め込まれていました。

```
<h1 className="header">{data.title}</h1>
<p>name: {router.query.name}</p>
<p>message: {data.msg}</p>
```

getStaticPropsで渡された静的プロパティは、{data.title}と{data.msg}で使っています。またuseRouterで得られたオブジェクトからは、{router.query.name}としてnameパラメーターの値を取り出して表示しています。

パラメーターの値に応じて異なるプロパティが渡されるため、「静的じゃない」ように感じるでしょうが、これでもこのページは静的です。パラメーターがtaro, hanako, sachikoのすべての場合の静的コンテンツを生成し、事前にレンダリングすることが可能なのです。

パラメーターの値の数(getStaticPathsのパスの数)があまりに多くなると、次のダイナミックレンダリングを利用したほうがいいでしょうが、選択肢がそれほど多くない場合、ダイナミックルーティングのページも静的ページにすることは十分可能なのです。

Pagesルーターにおける サーバーサイドレンダリング

Section 5-3

NEXT ダイナミックレンダリングとは？　NEXT

SSGによる静的ページの生成は、だいぶわかってきました。サーバー側で、あらかじめビルド時にレンダリングしておくことができれば、確かに実行時にレンダリング処理を行うこともなくスピーディにページを表示できますね。

しかし、動的に表示を作成するなどする必要がある場合、SSGは使えません。こうした場合は、もう1つのサーバーサイドレンダリングを使うことになります。それが「ダイナミックレンダリング」です。

ダイナミックレンダリングは、サーバーサイドレンダリング(Server-Side Rendering、略称SSR)のもっとも一般的な形です。SSGによる静的ページもサーバーサイドレンダリングの一種ですが、これはビルド時にレンダリングがされているため、実際にクライアントがサーバーにアクセスした際にはただHTMLのコードを返送するだけです。

ダイナミックレンダリングは、クライアントがアクセスした際にサーバー側でページをレンダリングし、生成されたHTMLコードを返送します。アクセスがある度にサーバー側でレンダリングを行うのです。これこそサーバーサイドレンダリング(SSR)といえるでしょう。

NEXT getServerSidePropsについて　NEXT

SSRは、SSGとは異なります。ビルド時にレンダリングされるのではなく、ビルドされた際はまだコンポーネントとして存在しています。

では、SSRとSSGのページはどこで区別されているのでしょうか。どこで「このページはSSG、これはSSRでレンダリング」と分けられているのでしょう。

これは、「用意されるプロパティの種類」によるもの、と考えていいでしょう。サーバーサイドレンダリングが行われるという時点で、動的に更新されるようなクライアント側の処理がないことは確認されているはずですね。残るは、ページ固有の情報(プロパティ)がどのように用意されているか、です。

SSRと、SSGの違い、それは「どの関数でプロパティが作成されるか」なのです。両者は、それぞれ以下のような関数を使います。

SSG	getStaticProps関数でプロパティを得る。
SSR	getServerSideProps関数でプロパティを得る。

getStaticProps関数は、静的な値を得るためのものです。これはビルド時に呼び出され、静的値としてキャッシュされます。

これに対し、getServerSideProps関数はクライアントからアクセスがあると、リクエストごとに呼び出されます。そして得られた値を元にページがレンダリングされるのです。getServerSideProps関数があれば、そのページはSSRである、といえます。

getServerSidePropsの基本形

では、このgetServerSideProps関数の使い方を説明しましょう。これは以下のような形で作成されます。

```
export function getServerSideProps({ params }) {
    ……処理……
    return 値
}
```

見ればすぐにわかることですが、getServerSideProps関数は、SSGで使うgetStaticPropsとそっくりな形をしています。違うのは関数名だけで、引数で渡される値や、returnで返す値の扱いなど、すべて同じです。

getServerSidePropsでは、引数として渡されるオブジェクト内にダイナミックルーティングのパラメーターが保管されています。これらの値を元に、プロパティとして返す値を用意してreturnします。返す値は、以下のような形のオブジェクトとして作成します。

```
{
  props: {
    キー:値,
    キー: 値,
    …略…
  }
}
```

propsに各種の値をオブジェクトにまとめたものを指定しておきます。この値が、コンポー

Chapter
1

Chapter
2

Chapter
3

Chapter
4

Chapter
5

Chapter
6

Chapter
7

Chapter
8

Addendum

ネント側で引数として渡されるようになります。このあたりの挙動も、すべて
getStaticPropsと同じですね。

NEXT SSRでサーバーサイドプロパティを使う

　では、getServerSideProps関数を使ってSSRのページを作ってみましょう。先ほど、
SSGの例として[name].tsxを書き換えましたね。これを更に修正しましょう。
　[name].tsxに書かれたgetStaticPaths関数とgetStaticProps関数を削除してください。そ
して新たに以下のgetServerSideProps関数を追記しましょう。

リスト5-5

```
export function getServerSideProps({ params }) {
  const data = {
    taro:{
      title:'Taro-web',
      msg:"This is Taro's web site."
    },
    hanako:{
      title:'ハナコの部屋',
      msg:'ここは、ハナコの部屋です。'
    },
    sachiko:{
      title:'サチコのページ',
      msg:'ヤッホー、サチコのページだよー！'
    }
  }

  if (data[params.name]) {
    return {
      props: {
        data:data[params.name]
      }
    }
  } else {
    return {
      props: {
        data:{title:"No data", msg:"データが見つかりません。"}
      }
    }
  }
}
```

図 5-6　/name/○○にアクセスする。知らない名前でもちゃんと表示される

　先ほどと同様、/name/taroにアクセスすると、taroのページが表示されます。では、/name/hogeというようにデータが用意されていない名前でアクセスしたらどうなるでしょうか？ SSGでは404エラーになりましたが、この例ではちゃんとページが表示されます。データが用意されていない場合でも問題なくアクセスできることがわかります。

　ここでは、getServerSidePropsを用意しています。引数のparamsにはダイナミックルーティングによるパラメーターが保管されています。その後にdata定数としてデータを用意しておき、そこからparams.nameの値を取り出せばいいわけですね。

　ただし、params.nameの値が存在しない場合もあります。そこで、まず値があるかどうかをチェックし、値がある場合とない場合でそれぞれ値を返すようにしています。

```
if (data[params.name]) {
    ……あった場合……
} else {
    ……ない場合……
}
```

　こうすれば、値が存在しない場合も問題なく値を得ることができます。やっていることgetStaticPropsの場合とだいたい同じなので、改めて説明は不要でしょう。

SSRではgetStaticPathsは使えない！

　説明を読んで、「だったらgetStaticPathsで使えるパスだけを指定すれば、値が存在しない場合の処理なんて必要なくなるのでは？」と思ったかもしれません。が、これはできません。

　getStaticPaths関数は、実はSSGでのみサポートされているのです。このため、SSRで使われるgetServerSidePropsと併用することはできません。

　SSRは、クライアントからアクセスがあるとその場でレンダリングをします。つまり、パ

ラメーターでどのような値が送られてきても対応できるレンダリング方式なのです。getStaticPathsは、SSGで事前に各パラメーターの値ごとにレンダリングしておく場合に使うものです。SSRでは、「どんなパラメーターが送られても対応できる」ように処理を用意すべきです。

Incremental Static Regeneration（ISR）

　SSGとSSRのどちらを使うべきかは、大変悩ましい問題です。可能であればSSGを使ったほうがさまざまな点でサーバーやクライアントの負担も軽減され、スピーディに動作します。しかし、SSGでは、後から値を更新したりすることができません。

　が、これは「ページ全体」を考えた場合です。例えばページ全体としては静的ページだけれど、「この部分だけ後から更新した値にしたい」と思うこともあるでしょう。そのような場合、静的ページの中から変更が必要な一部分だけを更新させることができるのです。

　これは「Incremental Static Regeneration（略称ISR）」と呼ばれる技術です。日本語で言えば「増分静的再生成」となるでしょうか。その名の通り、追加分だけを静的ページ内に再生成させるものです。

　これは、SSGで使われるgetStaticProps関数を利用して行います。returnするオブジェクト内に「revalidate」という値を用意しておくだけです。

```
export function getStaticProps({ 引数}) {
  return {
    props: { 値 },
    revalidate: 秒数,
  }
}
```

　このrevalidateは、値が更新される秒数を指定します。これにより、getStaticPropsされてから一定時間後に静的ページを再生成させることができるようになります。

　このrevalidateの指定は、SSGでアプリケーションビルド時に生成されるページを実行後に更新します。revalidate: 秒数と値を用意することで、getStaticPropsが呼び出されてから一定時間経過後に静的ページを再生成し、更新された内容が表示されるようになります。

ISRを利用する

　では、実際にISRを利用する例を見てみましょう。先ほどの[name].tsxをまた使うことにします。先ほどのgetServerSideProps関数を記述する修正で、このページはSSRを使うようになっていましたね。再びgetServerSideProps関数を削除し、以下のコードを追記して

Chapter 1
Chapter 2
Chapter 3
Chapter 4
Chapter 5
Chapter 6
Chapter 7
Chapter 8
Addendum

SSG利用に戻しましょう。

今回は修正ポイントがいろいろあるので、全コードを掲載しておきましょう。

リスト5-6

```
import { Inter } from 'next/font/google'
import Link from 'next/link'
import { useRouter } from 'next/router'

const inter = Inter({ subsets: ['latin'] })

export default function Name({ data }) {
  console.log("start component.")
  const router = useRouter()
  return (
    <main>
      <h1 className="header">{data.title}</h1>
      <p>name: {router.query.name}</p>
      <p>message: {data.msg}</p>
      <div><Link href="/">Go Back!!</Link></div>
    </main>
  )
}

var data = {
  taro:{
    title:'Taro-web',
    msg:"This is Taro's web site."
  },
  hanako:{
    title:'ハナコの部屋',
    msg:'ここは、ハナコの部屋です。'
  },
  sachiko:{
    title:'サチコのページ',
    msg:'ヤッホー、サチコのページだよー！'
  }
}

export function getStaticPaths() {
  const path = [
    '/name/taro',
    '/name/hanako',
    '/name/sachiko'
  ]
```

```
  return {
    paths:path,
    fallback: false
  }
}

export function getStaticProps({ params }) {
  console.log("getStaticProps")
  return {
    props: {
      data:data[params.name]
    },
    revalidate: 15
  }
}

setInterval(() => {
  const d = new Date().toISOString()
  data = {
    taro:{
      title:'タロー',
      msg:'たろーさんです。(' + d + ')'
    },
    hanako:{
      title:'ハナコ～',
      msg:'ハナコさんです～～。(' + d + ')'
    },
    sachiko:{
      title:'サチコ～',
      msg:'サチコだお～～♥(' + d + ')'
    }
  }
  console.log("setInterval")
}, 5000)
```

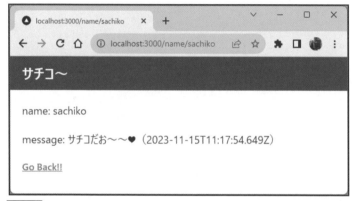

図 5-7 最初にアクセスしてから15秒経過して再アクセスすると表示が変わっている

　修正したら、/name/○○ という形でページにアクセスしたら、そのまましばらく待って再度アクセスをしてみましょう。表示される値が変わっていることに気がつくでしょう。ページそのものは相変わらずSSGですが、表示されるデータが変更されていることがわかります。

　ここでは、表示データの値は data グローバル変数に変更しており、この内容を setIntervalで定期的に変更しています。これで実際にアクセスして表示される値がどうなっているのか確認してみましょう。

　なお、このISRの挙動は、npm run dev によるデバッグモードでの実行では正しく確認できません。「npm run build」でアプリケーションをビルドし、「npm start」でビルドされたアプリを実行してください。これでISRの動きがわかります。

Chapter
1

Chapter
2

Chapter
3

Chapter
4

Chapter
5

Chapter
6

Chapter
7

Chapter
8

Addendum

> ### コラム NEXT. npm run buildでエラーになる！　　　　　　Column
>
> 「npm run build」コマンドを実行したところ、「Type error」というエラーが起きて
> ビルドできなかったかもしれません。これは、プロジェクトに組み込んだeslintと
> いうコード検証ツールが原因です。eslintでは、すべての値の型を厳密に指定しなけ
> ればビルドできないようになっています。このため、型の指定が曖昧な部分が一つ
> でもあるとビルドに失敗するのです。
>
> 　1つ1つの型をすべて指定していけばいいのですが、これはけっこう大変ですので、
> この部分だけ回避してビルドさせましょう。プロジェクト内にある「next.config.js」
> というファイルを開いてください。ここにあるコードを以下のように修正します。
>
> ```
> const nextConfig = {}
> ```
>
> ↓
>
> ```
> const nextConfig = {
>   reactStrictMode: true,
>   eslint: {
>     ignoreDuringBuilds: true,
>   },
> }
> ```
>
> これでType errorによるビルドの失敗はなくなります。

ISRの動作を確認する

　ここでは、アクセスする度に定期的に値が更新されていくのがわかるでしょう。忘れては
ならないのが、「このページは、静的ページである」という点です。getStaticProps関数を実
装しており、このコンポーネントは、ビルド時にHTMLコードとして生成されているはず
です。従って、本来ならば表示が変わるはずはありません。

　にもかかわらず、15秒ごとにアクセスすると、表示されるデータが変化します。15秒ご
とに静的ページが再生成され、表示が更新されるのがわかるでしょう。

　「SSGじゃなくなって、普通にSSRでアクセス時にレンダリングしているのでは？ 表示し
ている値は、ただ単にグローバル変数dataから取り出しているだけでは？」

　そう思った人もいることでしょう。では、表示するデータの出どころがどこか考えてみて
ください。コンポーネントに引数で渡されているdataは、getStaticPropsでreturnした値
を使っています。このgetStaticPropsはSSGで値として生成され、それを元にページがレ
ンダリングされているのです。つまり「setIntervalでdataを変更しているから値が変わる」

のではなく、生成されている静的ページ自体が一定間隔ごとに更新されているのです。

コンソールには、コンポーネントの開始(start component.)とgetStaticProps、そして setIntervalの実行が出力されます。setIntervalは5秒ごとに更新されていますが、 getStaticPropsは15秒に一度しか実行されていないのがわかります。このときに静的プロパティが更新されています。実際にアクセスをしてみると、表示が更新されるのは15秒ごとであり、(data自体は5秒ごとに更新されているのに)変数dataが書き換わったらそのまま表示も更新されるわけではないことがわかるでしょう。

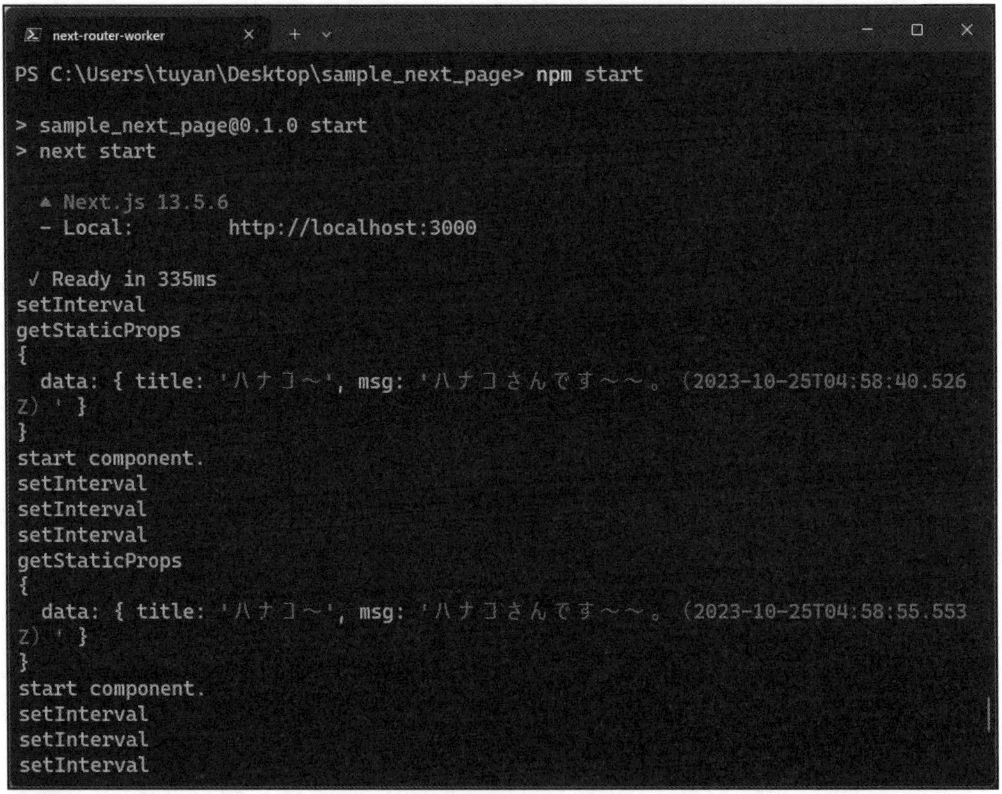

図 5-8 コンソールで start component、getStaticProps、setInterval のタイミングを確認する

Pagesルーターのレンダリングは複雑

以上、Pagesルーターでの重要なレンダリングであるSSG、SSR、ISRといったものについて説明をしました。

Pagesルーターでは、ページ単位でレンダリング方式が決められます。そして「いつ、どのタイミングでレンダリングするか」を開発する側が正確に指定することができます。ただ

し、それらを正しく理解し活用するには、それぞれのレンダリング方式がどういうもので、作成したページに用意されている機能からどの方式が使われるかをきちんと理解しておく必要があります。

　基本は「getStaticProps」と「getServerSideProps」、これらが使われる段階でSSGとSSRは分けられます。これに加えて、getStaticProps + revalidateによるISRが用意されている、この使い分けをよく理解してください。

Appルーターに
おけるレンダリング

Section
5-4

Chapter
1

Chapter
2

Chapter
3

Chapter
4

Chapter
5

Chapter
6

Chapter
7

Chapter
8

Addendum

NEXT. レンダリングとコンポーネント

　Appルーターは、Pagesルーターとはレンダリングの仕組みが違います。Appルーターにおけるレンダリングを考えるとき、重要となるのは「ページ」ではなく、「コンポーネント」です。

　Appルーターでは、ページ生成に関連するすべての機能は「サーバーモジュールグラフ」と「クライアントモジュールグラフ」にわかれます。

サーバーモジュールグラフ	サーバー側で動くものが分類されるところ
クライアントモジュールグラフ	クライアント側で動くものが分類されるところ

　Next.jsで作成されるコンポーネント類も、すべてこのどちらかに分類されます。つまり、すべてのコンポーネントは以下の2つのどちらかになるのです。

サーバーコンポーネント	サーバー側で実行されるコンポーネント
クライアントコンポーネント	クライアント側で実行されるコンポーネント

　Appルーターでは、ページは各種のコンポーネントを作成し、それらを組み合わせて作られます。この1つ1つのコンポーネントごとに、それがサーバー側で実行されるか、クライアント側で動くかが決められているわけです。

　もちろん、中には両者が組み合わせられたページもあるでしょう。しかし、「コンポーネントごとにサーバー側でレンダリングされるか、クライアント側でレンダリングされるか」が決まっている、ということをまず理解しておきましょう。

レンダリングの明示的な指定

　そのコンポーネントがサーバーコンポーネントかクライアントコンポーネントかは、そこで実装されている機能によって決まります。しかし、「このコンポーネントはサーバー側でレンダリングするようにしたい」とあらかじめ指定しておきたいこともあるでしょう。

　そのような場合は、以下の文を冒頭に記述しておくことで対応できます。

"use client"	クライアントコンポーネントにする
"use server"	サーバーコンポーネントにする

　ただし、これらをつければ自動的にクライアントコンポーネント／サーバーコンポーネントになる、というわけではありません。これらは「このコンポーネントがどちらに属するか」を指定するものです。

　例えば"use client"をつけたなら、サーバー側で動く機能が使われているとエラーが発生するようになります。逆に"use server"をつけたコンポーネントでクライアントで動く処理があるとエラーが発生します。これらを指定することで、「このコンポーネントはどちらでレンダリングされて動くか」を明示し、それに応じたコードが記述できるようにするのですね。

sample_next_appの準備

　以後は、Appルーターのプロジェクトを使って説明します。Visual Studio Codeで、先に作成した「sample_next_app」フォルダーを開いてください。またターミナルも、sample_next_appを開いた状態にしておきましょう。

NEXT. 静的ページについて

　サーバーコンポーネントを利用するページは、ビルド時にレンダリングされ静的ページとして生成されるものと、クライアントがアクセスした際にサーバー側でレンダリングされるダイナミックレンダリングページにわかれます。

　まず、完全に静的なページとして生成される例を見てみましょう。これは、クライアント側での処理や、サーバー側で動的に値を処理するようなコンポーネントを持たないページです。このようなページは、ビルド時に静的ページにコンパイルされ、それが使われます。

　では、静的ページの例を挙げておきましょう。まず、タイトルとメッセージのスタイルクラスを用意しておきます。global.cssを開き、以下を追記しておいてください。

Chapter 1
Chapter 2
Chapter 3
Chapter 4
Chapter 5
Chapter 6
Chapter 7
Chapter 8
Addendum

Chapter
1

Chapter
2

Chapter
3

Chapter
4

Chapter
5

Chapter
6

Chapter
7

Chapter
8

Addendum

リスト5-7

```
h1.title {
  @apply text-2xl font-bold m-0 p-5 text-white bg-blue-800 text-center;
}
p.msg {
  @apply text-lg m-5 text-gray-900;
}
```

　では、静的ページを作りましょう。ここではトップページのコンポーネントを修正することにします。「app」フォルダー内のpage.tsxを開いて、内容を以下に書き換えてください。

リスト5-8

```
"use server"
import { Metadata } from 'next'

export async function generateMetadata(){
  return {
    title: 'Index page',
  }
}


const defaultProps = {
  title:"Static page",
  msg:"This is static page sample."
}

export default async function Home() {
  return (
    <main>
      <h1 className="title">{defaultProps.title}</h1>
      <p className="msg">{defaultProps.msg}</p>
    </main>
  )
}
```

図 5-9　トップページにアクセスすると静的ページが表示される

　これは、静的ページのサンプルです。トップページにアクセスすると、「Static page」というタイトルのページが表示されます。

　ここでは、Reactの機能などクライアント側で使う機能は一切使っていません。が、ただのHTMLだけというわけでもありません。ここで使われているものを簡単に整理しておきましょう。

サーバーモードの指定

　冒頭に、"use server"が用意してありますね。これにより、このコンポーネントはサーバー側で実行されるようになります。

Metadataの用意

　ここでは、generateMetadataという関数が用意されています。これは、Metaデータを用意するためのもので、以下のような形で用意します。

```
export async function generateMetadata(){
  return 値
}
```

　Metaデータというのは、HTMLの<head>部分に用意される各種の設定情報のことです。<title>によるタイトルや、<meta>による各種の設定などがMetaデータです。このgenerateMetadata関数は、このページで用意するMetaデータを定義します。

　ここでは、titleというキーの値だけが用意されていますね。これは、<title>の値になります。これを用意しておくことで、ページのタイトルが設定されるようになります。

デフォルトプロパティの用意

ここでは、defaultPropsという定数を定義してあります。以下の部分ですね。

```
const defaultProps = {
  title:"Static page",
  msg:"This is static page sample."
}
```

JSXでは、ここにある値を使ってページの表示を作成しています。このdefaultPropsは、このページで使われる値をあらかじめ用意しておいたものです。

Pagesルーターでは、ページで使われるプロパティは「getStaticProps」関数を使って作成しましたね。が、これはAppルーターでは使えません。Pagesルーター専用なのです。従って、あらかじめ定数を定義しておいたり、コンポーネントの関数内に値を用意するなどして対応することになります。

このように、定数などを用意してJSXに埋め込むような処理を用意しても、このページは静的ページとしてビルド時にページが生成されます。

サーバーコンポーネントの処理は非同期で！

サーバーコンポーネントを作成するとき、もう1つ注意しておきたいのが「関数はすべて非同期で定義する」という点です。

ここではgenerateMetadata関数もHomeコンポーネントの関数もasyncがつけられていましたね。これを忘れるとサーバーコンポーネントとして問題があると判断されエラーになるので注意してください。

ダイナミックレンダリングのページ

サーバーコンポーネントのページは、ビルド時に完全に静的ページとして生成されるものばかりではありません。ビルド時には静的ページに変換されず、クライアントからアクセスがあった際にサーバー側でレンダリングする「ダイナミックレンダリング」のページもあります。

このダイナミックレンダリングが使われるのは、ダイナミックルーティングを利用したページです。パラメーターが渡されたときに、そのパラメーターの値に応じた表示を作成するため、静的ページではなくダイナミックレンダリングされるページとして扱われます。

ただし、パラメーターとして渡される値が限られている場合、あるいはよく使われる値などがある場合は、特定のパラメーターの表示を静的ページに変換して使うこともできます。これは、「generateStaticParams」という関数を定義することで行えます。

●静的ページのパスを返す関数

```
export async function generateStaticParams() {
  return パスの配列
}
```

　このgenerateStaticParamsは、PagesルーターにおけるgetStaticPathsに相当するものと考えていいでしょう。これは、アクセスされるパスのstring値を配列にまとめたものを返します。これにより、返された配列のパスについてはビルド時に静的ページに変換し、それ以外のパスへのアクセスについてはダイナミックルーティングを使ってサーバー側でレンダリングをします。

特定ページへのアクセスを静的ページ化する

　では、実際の利用例を挙げておきましょう。先に利用した[name]フォルダーのtsxを使います。「name」フォルダー内の「[name]」フォルダー内にあるpage.tsxファイルを開き、内容を以下に書き換えてください。

リスト5-9

```
"use server"

const paths = [
  { name: 'taro' },
  { name: 'hanako' },
  { name: 'sachiko' }
]

export async function generateStaticParams() {
  return paths
}

export default async function Name({ params }) {
  const result = paths.some(path=>path.name===params.name)

  return (
    <main>
      {result ?
      <>
        <h1 className="title">Name = &quot{params.name}&quot</h1>
        <p className="msg">{params.name}さん、こんにちは! </p>
      </>
      :
      <>
```

```
        <h1 className="title">&quot{params.name}&quot</h1>
        <p className="msg">「{params.name}」は使えません。</p>
      </>
      }

      <div>
        <a href="/">go back!!</a>
      </div>
    </main>
  )
}
```

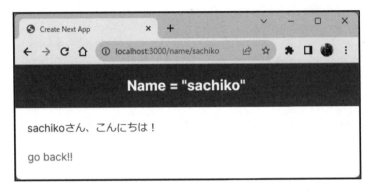

図 5-10 /name/○○にアクセスする。ダイナミックレンダリングの場合、「○○は使えません」と表示される

　修正したら、/name/○○というパスでアクセスをしてみてください。○○の部分の名前が登録されている taro, hanako, sachiko のいずれかであれば、用意されている静的ページが表示されます。それ以外の場合は、「○○は使えません」という表示がダイナミックに現れます。

　ここでは、あらかじめ paths という定数にパラメーターの情報を用意してあります。

```
const paths = [
  { name: 'taro' },
  { name: 'hanako' },
  { name: 'sachiko' }
]
```

　パラメーターの値をオブジェクトにまとめたものを配列として用意しています。ここでは
nameパラメーターしかないので、それだけを値として用意しています。この値をそのまま
generateStaticParams関数でreturnしています。
　そしてコンポーネントの関数は、以下のような形で定義をしています。

```
export default async function Name({ params }) {……
```

　サーバー側で実行するため、asyncで非同期関数にしています。そして引数には、{
params }を指定しています。これにより、paramsにパラメーターとして渡された値が保管
されます。
　このparamsからnameの値を取り出し、paths内に値があるかどうかを調べます。

```
const result = paths.some(path=>path.name===params.name)
```

　someメソッドは、配列の各要素ごとに引数のアロー関数を呼び出し、結果がtrueのもの
があるかどうかをチェックします。アロー関数では、path.name===params.nameをチェッ
クし、path.name と params.name が等しいか調べています。これにより、paths内に
nameの値がparams.nameと等しいものがあればtrue、なければfalseが得られます。
　trueならば、「○○さん、こんにちは！」というJSXの表示をreturnしています。これは
すべて静的ページとしてビルド時にレンダリングされます。falseの場合は、ダイナミック
ルーティングにより、「○○は使えません」という表示がアクセスされる度に生成されます。

NEXT. クライアントコンポーネントについて

　サーバー側でレンダリングできないものは、クライアントコンポーネントとして扱われま
す。これは、クライアント側でしか動作しない機能を利用するコンポーネントです。
　では、「クライアント側でしか動かない機能」とは、具体的にどのようなものでしょうか。
JavaScriptでクライアントを操作するような機能を使う場合はもちろんですが、それ以外に、
以下のようなものがインポートされ使われていると自動的にクライアントコンポーネントと
みなされます。

```
import { useState } from 'react'
```

これは、Reactのステートフックですね。Reactのステートを利用している場合、自動的にクライアントコンポーネントとなります。

```
import { useRouter } from 'next/navigation'
```

useRouterはNext.jsの機能で、ルーティングに関する情報を扱うためのものです。ルーターによるページ移動を利用して前のページに戻ったり次のページに進んだり、あるいはルーターにページのパスを追加したりする機能が用意されています。

```
import { useSearchParams } from 'next/navigation'
```

useSearchParamsは、クエリーパラメーターを扱うためのものです。アクセスしたパスからクエリーパラメーターの情報を取り出す機能を提供します。

NEXT. クエリーパラメーターを利用する

これらの中でも、利用することの多い「useSearchParams」について簡単に触れておきましょう。これはクエリーパラメーターを取得するためのものです。クエリーパラメーターというのは、パスの後に？をつけて記述されるパラメーターのことです。例えば、/hoge?abc=100&xyz=200 というようにして記述されるのがクエリーパラメーターです。キー（パラメーター名）と値をイコールでつないだ形をしており、それぞれのパラメーターは＆で接続されます。

このuseSearchParamsは関数であり、以下のようにしてオブジェクトを取得します。

```
変数 = useSearchParams()
```

これで、クエリーパラメーターを扱うための機能をまとめたオブジェクトが得られます。ここから必要な値を取り出して利用します。値の取得には「get」メソッドを使います。パラメーターのキーを引数に指定して呼び出せば、その値が得られます。

クエリーパラメーターを利用する

　では、実際にクエリーパラメーターを利用する例を挙げておきましょう。まず、値の表示に使うスタイルクラスを追加しておきます。global.cssを開き、以下のコードを追記してください。

リスト5-10

```
ul, ol {
  @apply text-xl m-5 font-bold list-disc;
}
li {
  @apply mx-10 font-normal text-blue-700;
}
```

　では、サンプルを作成しましょう。今回はトップページを修正しましょう。「app」フォルダーにあるpage.tsxを開き、以下のように書き換えてください。

リスト5-11

```
"use client"
import { useSearchParams } from 'next/navigation'

export default async function Home() {
  const searchParams = useSearchParams()
  return (
    <main>
      <h1 className="title">Index page</h1>
      <ul>※パラメーター
        <li>ID: {searchParams.get('id')}</li>
        <li>PASS: {searchParams.get('pass')}</li>
      </ul>
    </main>
  )
}
```

図 5-11 http://localhost:3000/?id＝○○&pass＝○○という形でアクセスすると、それらのパラメーターが表示される

　トップページに、/?id＝○○&pass＝○○というような形でアクセスしてみましょう。すると、下に「ID:○○」「PASS:○○」というように値が表示されます。
　ここでは、まずuseSearchParams関数でオブジェクトを取り出しています。

```
const searchParams = useSearchParams()
```

　後は、このsearchParamsから必要なパラメーターの値を取り出して表示するだけです。ここではreturnするJSX内で以下のようにして利用していますね。

```
<li>ID: {searchParams.get('id')}</li>
<li>PASS: {searchParams.get('pass')}</li>
```

　これでidパラメーターとpassパラメーターの値が表示されます。扱いも簡単ですし、ダイナミックルーティングによるパラメーターのように事前の準備なども必要ないため、ちょっとした情報をクライアントから送るのに重宝しますね。
　このように、クライアント側でしか動かない機能というのは、アクセスしたときの状況に応じて値を取り出したり操作をするようなものといえます。ステートフックのように、実際にクライアント側で動くものは「サーバーでは使えないな」とすぐにわかります。けれど、このuseSearchParamsのようなものは表示を操作するものではないので「サーバー側でも動くのでは？」と思ってしまいがちです。
　基本的に「use○○」という名前の機能はクライアント側で動くと考えると良いでしょう。また、「generate○○」というものはサーバー側で動作するのが一般的です。Next.jsの命名ルールがわかると、「この機能はサーバーで動くのか、クライアントで動くのか」も自然とわかるようになるでしょう。

データアクセス

Next.jsでは、サーバー側とクライアント側のそれぞれで各種データにアクセスすることができます。ここでは、サーバー側でfetch関数やfsオブジェクトでデータにアクセスする方法、そしてサーバーで処理を実行する「サーバーアクション」の使い方を説明します。またクライアント側でデータアクセスを行う「SWR」の使い方についても説明します。

ポイント

▶ fetch関数を使ったデータの取得をマスターしましょう。

▶ サーバーアクションの作成とその利用の仕方を
  学びましょう。

▶ SWRでデータアクセスする方法を理解しましょう。

Section 6-1 fetchによるデータアクセス

NEXT データを利用するには？

　ここまでのサンプルでは、基本的にすべてのデータをコンポーネントのtsxファイルに持たせていました。しかし実際の開発では、さまざまなところからデータを取得して利用することになるでしょう。こうしたデータの取得と利用について考えていきましょう。

　JavaScriptの場合、データの取得にはAjaxを利用します。「fetch」という関数を利用することで、サーバーにアクセスして必要な情報を得ることができました。これはTypeScriptでも基本的には同じです。

　ただし、注意してほしいのが「Next.jsのfetch関数は、Next.jsにより拡張されている」という点です。もともとJavaScriptに用意されているfetch関数はクライアント上で動作するものです。それを、クライアント側でもサーバー側でも同じように動作するようにしたのがNext.jsのfetch関数です。なにしろNext.jsのコンポーネントは、状況に応じてクライアントでもサーバーでも動かす必要がありますから、それに対応できるfetch関数が必要となるのですね。

　このfetch関数の基本形は以下のようになります。

●fetch関数の呼び出し（1）

```
変数 = await fetch（アドレス, オプション）
```

●fetch関数の呼び出し（2）

```
fetch（アドレス, オプション）.then（引数 => ｛……後処理……｝）
```

　JavaScriptでfetch関数を利用したことがあるならば、基本的な呼び出し方はほぼ同じだと考えていいでしょう。まず、「fetch関数は非同期である」という点を頭に入れておいてください。非同期ですから、結果を受け取るには、awaitしてアクセスが完了してから戻り値を受け取るか、thenメソッドでコールバック関数を用意し、その中で受け取るかする必要があります。

　このfetchでの戻り値は、Responseというオブジェクトです。ここから必要なメソッドを呼び出し、返されたデータを取り出します。

●テキストデータとして取得

```
《Response》.text()
```

●JSONオブジェクトとして取得

```
《Response》.json()
```

　これらのメソッドもやはり非同期です。従って、awaitして呼び出すか、あるいはthenでコールバック関数を用意して受け取る必要があります。

　textメソッドは、サーバーから得られた値をそのままテキストとして返します。jsonは、サーバーからJSONフォーマットのデータを取得する場合に使われるもので、得られたJSONフォーマットのテキストをJavaScriptのオブジェクトに変換して返します。JSONのデータに不備があった場合は変換に失敗し例外が発生するので注意してください。

オプション引数について

　fetch関数では、第1引数にアクセスするアドレスをstringで渡します。これは、同じサーバーでも相対パスなどではなく、http〜からのフルアドレスを指定する必要があります。

　第2引数には、オプションの設定となる値をまとめたオブジェクトが渡されます。これは、省略はできません（設定不要な場合でもnullを渡す必要があります）。

　このオプション引数で、必ず用意しておきたいのが「cache」という値です。これは取得するデータのキャッシュに関するもので、以下のいずれかを指定します。

| 'force-cache' | 値を強制的にキャッシュする |
| 'no-store' | 値を保管しない |

　'force-cache'を指定した場合、最初にアクセスした際の値をキャッシュし、2回目以降はキャッシュされた値をそのまま使います。'no-store'にすると値をキャッシュせず毎回取得して使います。このとき既にキャッシュした値がある場合もその値を破棄してアクセスをします。

　アクセスするごとに変化するような場合、'no-store'を指定しておくべきでしょう。しかし、例えば1日に1度値が更新される、というような場合は、最初に'no-store'して最新のデータにアクセスし、以後は'force-cache'でキャッシュされた値を利用すれば毎回サーバーにアクセスする必要がなくなります。そして1日経過したら、改めて'no-store'し、また'force-cache'すればいいのです。

JSONデータを用意する

では、実際にfetch関数を使って必要なデータを取得してみましょう。ここでは簡単なJSONデータを扱うことにします。使用するプロジェクトは、Appルーターのものです。「sample_next_app」フォルダーをVisual Studio Codeで開き、ターミナルもこのフォルダーを開いておきましょう。

では、JSONのファイルを用意しましょう。「public」フォルダーにJSONのファイルを用意し、これにアクセスすることにします。「sample.json」という名前で「public」フォルダー内にファイルを作成してください。そして、以下のように内容を記述しておきます。

リスト6-1

```
{
  "message":"これはサンプルのデータです。",
  "data":[
    {"name":"taro","mail":"taro@yamada","age":"39"},
    {"name":"hanako","mail":"hanako@flower","age":"28"},
    {"name":"sachiko","mail":"sachico@happy","age":"17"}
  ]
}
```

ここでは、messageとdataという値を用意しておきました。dataには配列を使って3つのデータを用意してあります。ごく簡単なものですが、このJSONファイルにアクセスしてデータの取得の基本を学ぶことにしましょう。なお、これはあくまでサンプルですので、データの構造さえ変えなければ、値の内容は自由に書き換えて構いません。

サーバーコンポーネントからfetchする

データアクセスを考えるとき、「それはどこからアクセスするのか？」をまず考えておく必要があります。「どこから」とは、「クライアントからか、サーバーからか」ということです。fetch関数はどちらでも利用できますが、コンポーネントの中でどう利用するかは微妙に違ってきます。

まずは、サーバーコンポーネントで利用することを考えてみましょう。例として、トップページのコンポーネントを書き換えてみます。「app」フォルダー内にあるpage.tsxを開き、以下のようにコードを書き換えてください。

リスト6-2

```
"use server"

const url = 'http://localhost:3000/sample.json'

async function getSampleData() {
  const resp = await fetch(
    url,
    { cache: 'no-store' }
  )
  const result = await resp.json()
  return result
}

export default async function Home() {
  const data = await getSampleData()
  return (
    <main>
      <h1 className="title">Index page</h1>
      <p className="msg">{data.message}</p>
    </main>
  )
}
```

Chapter 1
Chapter 2
Chapter 3
Chapter 4
Chapter 5
Chapter 6
Chapter 7
Chapter 8
Addendum

図6-1　sample.jsonのmessageをメッセージとして表示する

　トップページにアクセスすると、JSONデータのmesssageの値が表示されます。ごく単純なものですが、JSONデータにアクセスして必要な情報を取得していることが確認できるでしょう。

fetchを利用する処理

　ここでは、JSONデータを取得するgetSampleDataという関数を定義しておき、これをコンポーネントの関数内から呼び出しています。このように行っていますね。

```
const data = await getSampleData()
```

　これで、JSONデータのオブジェクトがdataに取り出されるようになっています。awaitをつけているのは、関数が非同期であるためです。関数の定義を見ると以下のようになっていることがわかります。

```
async function getSampleData() {……
```

　このgetSampleData関数の中で、fetch関数を呼び出してJSONデータを取得しています。これは以下のように行っています。

```
const resp = await fetch(
  url,
  { cache: 'no-store' }
)
```

　urlと、{ cache: 'no-store' }というオブジェクトを引数に指定してあります。この戻り値がrespに代入されます。この値はResponseオブジェクトですので、ここからJSONオブジェクトを取得して返します。

```
const result = await resp.json()
return result
```

　これで、resultにはsample.jsonのデータをオブジェクトにしたものが取り出されます。後は、呼び出したコンポーネント側にこのオブジェクトがreturnされるので、それを使ってmessageの値を表示するだけです。
　fetchは、複雑なアクセスが必要な場合はそれなりに難しいのですが、単純に「指定したアドレスにアクセスしてデータを得るだけ」というのであれば、このようにとても簡単に扱えます。非同期であることさえ注意すれば、fetchは難しくはありません。

クライアントコンポーネントからfetchする

では、クライアントコンポーネントからfetchする場合はどうなるでしょうか。クライアントコンポーネントで利用するという場合、多くはReactの機能を利用することになるでしょう。例えば副作用フックで表示が更新されたらデータを取得したり、ボタンなどをクリックしてデータを取得し、ステートフックで表示を更新したり、といった使い方が思い浮かびますね。

fetch関数そのものは、サーバーでもクライアントでも使い方は同じです。ただし、実装の仕方が多少違ってきます。では、やってみましょう。

先ほどの「app」フォルダーのpage.tsxを開き、以下のようにコードを書き換えてください。

リスト6-3

```
"use client"
import {useState} from 'react'

const url = 'http://localhost:3000/sample.json'

async function getSampleData() {
  const resp = await fetch(
    url,
    { cache: 'no-store' }
  )
  const result = await resp.json()
  return result
}

export default function Home() {
  const [msg,setMsg] = useState('dummy message.')
  const doChange = (event)=> {
    setInput(event.target.value)
  }
  function doAction() {
    getSampleData().then(resp=>{
      setMsg(resp.message)
    })
  }
  return (
    <main>
      <h1 className="title">Index page</h1>
      <p className="msg">{msg}</p>
      <div className="form">
        <button className="btn"
```

```
            onClick={doAction}>Click</button>
        </div>
    </main>
  )
}
```

図 6-2　ボタンをクリックすると、sample.jsonにアクセスしmessageを表示する

　ページにアクセスすると、「dummy message.」とメッセージが表示されます。そのまま
ボタンをクリックすると、sample.jsonにアクセスし、messageのテキストを表示します。
ごく単純ですが、ボタンのイベントを使ってfetchを実行し、結果をステートで表示する、
というクライアントサイドの基本的な処理を実装しています。

　ここでもgetSampleDataという非同期関数を用意し、そこでfetchしてデータを取り出し
ています。この関数の処理は先ほどのサーバーコンポーネントのときと全く同じです。違い
は、このgetSampleDataを呼び出している部分です。

　ここでは、ボタンのonClickイベントに割り当てるdoActionという関数を定義し、その
中でgetSampelDataを呼び出しています。

```
function doAction() {
   getSampleData().then(……)
}
```

　何かサーバーコンポーネントのときとは違っていることに気づいたでしょうか。そう、doActionは非同期ではなく、同期関数です。Appルーターでは、「サーバーコンポーネント関数は非同期、クライアントコンポーネント関数は同期」で用意する必要があります。同期関数であるクライアントコンポーネントでは、非同期でdoActionを用意するわけにはいきません。

　従って、getSampleDataの呼び出しにawaitは使えません。thenを使ってコールバック関数を定義し、その中で処理する必要があります。このコールバック関数の処理は以下のようになっています。

```
resp=>{
   setMsg(resp.message)
}
```

　引数のrespに、fetchから返されたJSONオブジェクトが入っています。そこからmessageを取り出してsetMsgしています。getSampleDataからの戻り値の受け取り方が違いますが、やっていることは同じです。実装の仕方が「awaitか、コールバック関数か」の違いがあるだけなのです。

Chapter
1

Chapter
2

Chapter
3

Chapter
4

Chapter
5

Chapter
6

Chapter
7

Chapter
8

Addendum

Section 6-2 サーバーアクション

NEXT サーバーアクションについて

　クライアント側で表示されているUIで何らかの操作を行う場合、基本的にReactの機能を利用します。クライアントコンポーネントでは、onClickやonChangeといったイベントに関数を割り当て、そこで必要な処理を行います。

　が、これらはすべてクライアント側で動作するものです。Webアプリケーションで行う処理は、場合によってはサーバー側で実行させたいものもあります（例えばファイルやデータベースのアクセスなど）。こうしたものでは、どのように処理を作成すればいいのでしょうか。

　一般的なWebアプリケーションフレームワークでは、サーバーサイドでビジネスロジックを実行するための仕組みが提供されています。では、Next.jsではどのようにすればいいのでしょうか。

　このような場合に用いられるのが「サーバーアクション」です。

コンポーネントとサーバーアクション

　サーバーアクションは、サーバー側で実行される関数です。これは、何か特別な書き方をするものではありません。ただ普通に関数を定義してexportするだけです。ただし、サーバー側で確実に実行される必要がありますから、"use server"を指定しておくとよいでしょう。

　こうして用意したサーバーアクションの関数をコンポーネントでimportし、関数を呼び出せば、それがサーバー側で実行されます。呼び出すコンポーネントは、クライアントコンポーネントだけでなくサーバーコンポーネントでも問題ありません。

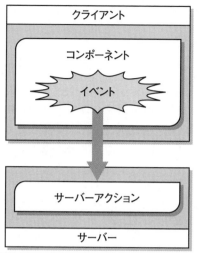

図6-3　サーバーアクションは、サーバー側で実行できるコンポーネント。コンポーネントからサーバーアクションを呼び出すことで、サーバー側で処理を実行できる

Chapter
1

Chapter
2

Chapter
3

Chapter
4

Chapter
5

Chapter
6

Chapter
7

Chapter
8

Addendum

サーバーアクションを利用する

　では、実際にサーバーアクションを作って利用してみましょう。サーバーアクションも、普通のコンポーネントと同じように.tsxファイルとして作成をします。では、「app」フォルダー内に、新たに「server-action.tsx」という名前でファイルを作成してください。そして、以下のようにコードを記述しましょう。

リスト6-4

```
"use server"
const url = 'http://localhost:3000/sample.json'

export async function serverAction() {
  const resp = await fetch(
    url,
    { cache: 'no-store' }
  )
  const result = await resp.json()
  console.log("Get message!")
  console.log(result.message)
}
```

　ここでは、先ほどのfetch関数でsample.jsonからmessageのテキストを取り出す処理を

用意してあります。このリストでは、「serverAction」という関数を以下のように定義しています。

```
export async function serverAction() {……
```

これが、今回作成したサーバーアクションの関数です。exportをつけて外部から利用できるようにしてあります。また、asyncをつけて非同期関数として定義していることもわかります。サーバーアクションはサーバーコンポーネントであるため、非同期関数として作成する必要があります。

コンポーネントからサーバーアクションを呼び出す

では、作成したサーバーアクションを呼び出してみましょう。「app」フォルダー内のpage.tsxを開いてください。そしてコードを以下のように書き換えてください。

リスト6-5
```
"use server"
import {serverAction} from './server-action'

export default async function Home() {
  return (
    <main>
      <h1 className="title">Index page</h1>
      <p className="msg">ボタンをクリックしてください。</p>
      <div>
        <form action={serverAction}>
          <button className="btn">Click</button>
        </form>

      </div>
    </main>
  )
}
```

図6-4 ボタンをクリックすると、サーバーを実行するターミナルにメッセージが出力される

　ここではボタンを1つだけ用意した画面が表示されます。これをクリックすると、サーバーアクションのserverAction関数が呼び出されます。サーバーを実行しているターミナルを見ると、「Get message!」という表示の下にsample.jsonから取得したmessageのテキストが出力されるのが確認できるでしょう。見た目は何も変化しないのでわかりにくいですが、ボタンクリックでサーバーアクションが実行されていることがわかります。

　ここでは、フォームにacion={serverAction}としてserverAction関数が呼び出されるようにしています。これでクリックするとserverActionが呼び出されるのですね。サーバーアクションと言っても、普通の関数の呼び出しと全く同じで、ただ関数を呼び出して実行するだけなのです。

　注意点としては、サーバーアクションの呼び出しはフォームのactionを使う必要がある、という点です。<button>などのonClickに設定するとエラーになるので注意してください。

NEXT フォームの送信

　これでサーバーアクションの呼び出し方がわかりました。では、もう少し実用的な例を考えてみましょう。

　フォームを送信して処理する場合、フォームの内容をサーバーアクションに送り、それを

受け取って処理する必要があります。

　これは、実際にサンプルを見ながら説明したほうがわかりやすいでしょう。では、トップページを修正して簡単なフォームを用意することにしましょう。「app」フォルダー内のpage.tsxを開き、以下のように修正をしてください。

リスト6-6

```
"use server"
import {serverAction} from './server-action'

export default async function Home() {
  return (
    <main>
      <h1 className="title">Index page</h1>
      <p className="msg">※数字を入力してください。</p>
      <div>
        <form className="form" action={serverAction}>
          <input className="input" type="number" name="input"/>
          <button className="btn">Click</button>
        </form>
      </div>
    </main>
  )
}
```

　ここでは、<form>内に<input type="number">と<button>の2つのコントロールを用意しています。注目すべきは、<form>です。

```
<form className="form" action={serverAction}>
```

　ここには「action」という属性が用意されており、そこにserverActionが割り当てられています。<button>にはonClickなどの処理は用意されていません。フォームは、<form>にサーバーアクションを割り当てるのです。

サーバーアクションの修正

　では、サーバーアクションを修正しましょう。server-action.tsxを開き、内容を以下のように書き換えてください。

リスト6-7

```
"use server"
import { redirect } from 'next/navigation'
```

```
const url = 'http://localhost:3000/sample.json'

export async function serverAction(form) {
  const num = form.get("input")
  const resp = await fetch(
    url,
    { cache: 'no-store' }
  )
  const result = await resp.json()
  let data = result.data[num]
  if (data == null) {
    data = {name:'-',mail:'-',age:0}
  }
  // 取得したdataの処理
  const query = 'name=' + data.name +
    '&mail=' + data.mail +
    '&age=' + data.age
  const searchParams = new URLSearchParams(query)
  redirect('/other?' + searchParams.toString())
}
```

　ここでは、serverAction関数を修正して、送信されたフォームを処理するようにしています。まず、関数の定義部分を見てください。

```
export async function serverAction(form) {
```

　引数としてformという変数が用意されていますね。ここに、フォームから送信されたデータがまとめて保管されています。これはFormDataというオブジェクトで、ここにある「get」メソッドを使って送られた値を取り出すことができます。
　ここでは、以下のようにしてフォームに入力された数字を取り出していますね。

```
const num = form.get("input")
```

　フォームの<input>では、name="input"と名前を指定していました。get("input")により、この<input>の値が取り出されていたのですね。
　後は、fetchでデータを取得し、そこから指定した番号のデータを変数dataに取り出しています。そして、このデータの内容をクエリーパラメーターのテキストにしています。

```
const query = 'name=' + data.name +
  '&mail=' + data.mail +
  '&age=' + data.age
```

　これで、「name＝○○＆mail＝○○＆age＝○○」という形のテキストが作成できました。このまま URL で使ってもいいのですが、日本語などが含まれているとトラブルの原因となります。そこでクエリー文字列に変換します。

```
const searchParams = new URLSearchParams(query)
```

　URLSearchParams は、クエリーパラメーターを扱う JavaScript のオブジェクトです。引数にクエリーパラメーターのテキストを指定して作成します。ここから toString でテキストを取り出せば、クエリー文字列のテキストが得られます。
　ここでは、これを URL に付け足して、/other にリダイレクトさせています。

```
redirect('/other?' + searchParams.toString())
```

　redirect は、Next.js にある機能で、引数に指定したアドレスにリダイレクトするものです。これで、/other?name＝○○＆mail＝○○＆age＝○○ といったアドレスにリダイレクトされます。

リダイレクト先の用意

　では、リダイレクト先のコンポーネントを用意しましょう。「other」フォルダー内のpage.tsx を開いて、以下のようにコードを修正してください。

リスト6-8

```
"use client"
import Link from 'next/link'
import { useSearchParams } from 'next/navigation'

export default function Other() {
  const params = useSearchParams()
  return (
    <main>
      <h1 className="title">Other page</h1>
      <p className="msg">フォームが送信されました。
        以下のデータを取得しました。</p>
      <ol>
        <li className="msg">Name: {params.get('name')}</li>
        <li className="msg">Mail: {params.get('mail')}</li>
        <li className="msg">Age: {params.get('age')}</li>
      </ol>
      <div>
        <a href="/">go back!!</a>
```

```
      </div>
    </main>
  )
}
```

図6-5 フォームの数字を入力してボタンを押すと、メッセージと共に取得したデータが表示される

　これで完成です。トップページに戻り、フォームから数字を入力してボタンをクリックしましょう（番号は0〜2のいずれかにしておきます）。送信すると/otherにリダイレクトされ、指定した番号のデータがページに表示されます。

```
const params = useSearchParams()
```

　useSearchParamsを使い、クエリーパラメーターのオブジェクトを作成します。後は、ここからパラメーターの値を取り出して表示するだけです。JSX部分を見ると、以下のように値を利用しています。

```
Name: {params.get('name')}
Mail: {params.get('mail')}
Age: {params.get('age')}
```

　これで、とりあえずフォームを送信して処理する、という基本はわかりました。フォームを使ってやり取りできるようになると、いろいろと応用ができそうですね。

ファイルアクセスを行う

　サーバーアクションは、サーバー側でないと使えない機能を実装するのに用いられます。実際の例として、ファイルアクセスのためのサーバーアクションについて考えてみましょう。
　ファイルアクセスのための機能というのは、Next.jsには特に用意されていません。ではどうすればいいのか？ Next.jsのアプリケーションは、Node.jsをベースにして作られています。つまり、Node.jsの機能がそのまま利用できるのです。もちろん、クライアント側ではファイルアクセスなどの機能は使えませんが、サーバー側で実行するのであればNode.jsの機能は一通り利用できます。
　ファイルアクセスは、Node.jsの「fs」というモジュールに用意されています。以下に主なメソッドをまとめておきましょう。

●ファイルからテキストを読み込む

```
変数 = fs.readFileSync(ファイルパス, エンコード)
```

●ファイルにテキストを書き出す

```
fs.writeFileSync(ファイルパス, 値)
```

●ファイルにテキストを追記する

```
fs.appendFileSync(ファイルパス, 値)
```

　readFileSyncは、ファイル名のstring値の他にエンコード名を指定しておくのが一般的です。通常は「utf8」を指定しておきます。writeFileSyncやappendFileSyncは、テキストファイルに値を書き出すものです。これらはファイルのパスと、書き出す値を引数に指定します。
　ここでは、いずれも同期メソッドを挙げておきましたが、非同期で動くメソッドも用意されています。メソッド名から末尾の「Sync」を取り除くと非同期メソッド名になります。

ファイルアクセスするサーバーアクション

　では、実際にfsモジュールを使ってテキストファイルにアクセスするサーバーアクション
を作成してみましょう。

　server-action.tsxを開き、コードを以下のように書き換えます。

リスト6-9

```
"use server"
import { redirect } from 'next/navigation'
import fs from 'fs'

const fname = './data.txt'

export async function serverAction(form) {
  const input = form.get("input")
  fs.appendFileSync(fname, input + "\n")
  redirect('/other')
}

export async function readData() {
  return fs.readFileSync(fname, 'utf8')
}
```

　ここでは、serverActionとreadDataの2つの関数を用意しておきました。readDataは
data.txtファイルからテキストを読み込んで返すものです。これはとても単純ですね。

```
export async function readData() {
  return fs.readFileSync(fname, 'utf8')
}
```

　見ての通り、readFileSyncでfnameから読み込んだテキストをそのままreturnしていま
す。

　もう1つのserverActionは、送信されたフォームのテキストをdata.txtに追記します。こ
れは、まず送信されたフォームの値を取り出しています。

```
const input = form.get("input")
```

　これで、name="input"のコントロールに書かれたテキストがinputに取り出せました。
後はこれをfnameに追記するだけです。

```
fs.appendFileSync(fname, input + "\n")
```

Chapter
1

Chapter
2

Chapter
3

Chapter
4

Chapter
5

Chapter
6

Chapter
7

Chapter
8

Addendum

inputの後に"\n"をつけているのは、最後に改行をさせているためです。これで送信された
テキストが1つ1つ改行されて書き出されていきます。

これでテキストが追記できたら、redirectで/otherにリダイレクトして作業完了です。ファ
イルアクセスというと難しそうですが、意外に簡単に使えることがわかりますね。

コンポーネントからアクセスする

では、作成したサーバーアクションにコンポーネントからアクセスをしましょう。まずは、
トップページです。ここでメッセージを入力し、サーバーアクションに送ってファイルに保
存させます。

「app」フォルダーのpage.tsxを開き、以下のように内容を書き換えてください。

リスト6-10

```
"use server"
import {serverAction} from './server-action'

export default async function Home() {
  return (
    <main>
      <h1 className="title">Index page</h1>
      <p className="msg">※メッセージを送信：</p>
      <div>
        <form className="form" action={serverAction}>
          <input className="input" type="text" name="input"/>
          <button className="btn">Click</button>
        </form>
      </div>
    </main>
  )
}
```

基本的な内容は、先に作成したものとほぼ同じです。<input>をtype="number"から
type="text"に変更しているだけです。<form>にaction={serverAction}を指定して
serverActionにフォームを送信しています。これでフォームを送信してファイルに保存し、
そのまま/otherにリダイレクトされるようになります。

Otherでテキストを表示する

では、リダイレクト先のOtherコンポーネントを修正しましょう。「other」フォルダー内のpage.tsxを開き、以下のように書き換えてください。

リスト6-11

```
"use server"
import Link from 'next/link'
import {readData} from '../server-action'

export default async function Other() {
  const data = await readData()
  return (
    <main>
      <h1 className="title">Other page</h1>
      <p className="msg">メッセージを保存しました。</p>
      <pre className="m-5 p-2 border">{data}</pre>
      <div>
        <a href="/">go back!!</a>
      </div>
    </main>
  )
}
```

Chapter
1

Chapter
2

Chapter
3

Chapter
4

Chapter
5

Chapter
6

Chapter
7

Chapter
8

Addendum

図 6-6 メッセージを書いて送信すると、data.txtに追記されていく。/otherでは追記されたテキストが表示される

　これで完成です。トップページにアクセスし、メッセージを書いて送信しましょう。/otherにリダイレクトされ、保存されているメッセージが表示されます。何回かメッセージを送信し、それらがファイルに追加されていくことを確認しましょう。

　ここでは、コンポーネント内でreadDataを呼び出してテキストファイルの内容を受け取り、それを<pre>に表示しています。サーバーアクションが使えると、このようにファイルから簡単にデータを取り出せます。

クライアントコンポーネントの場合は？

　ここではサーバーコンポーネントでreadDataを取り出していましたが、ではクライアントコンポーネントを使う場合はどうなるでしょうか。クライアント用に修正したコードを挙げておきましょう。

リスト6-12

```
"use client"
import Link from 'next/link'
import {readData} from '../server-action'
import {useState,useEffect} from 'react'

export default function Other() {
  const [data,setData] = useState('nodata')
  useEffect(()=>{
    readData().then(res=>{
      setData(res)
    })
```

```
  },[])
  return (
    <main>
      <h1 className="title">Other page</h1>
      <p className="msg">メッセージを保存しました。</p>
      <pre className="m-5 p-2 border">{data}</pre>
      <div>
        <a href="/">go back!!</a>
      </div>
    </main>
  )
}
```

　ここでは、Reactの機能を利用してテキストファイルの内容を表示しています。useEffect
を使い、readDataを呼び出してテキストファイルの内容を受け取り、それをsetDataで
dataステートに設定しています。これにより、<pre>内にdataのテキストが表示されるよ
うになります。

　サーバーアクションは非同期ですから、普通にreadDataを呼び出すだけではうまく表示
がされません。そこで、useEffectを使ってデータを読み込み、dateスタートで表示が更新
されるようにしてあります。

　サーバーコンポーネントに比べるとちょっと面倒に感じますが、これはReactのもっとも
基本的な使い方といっていいでしょう。「クライアントコンポーネントはReactコンポーネ
ントだ」ということをよく理解しておきましょう。

Chapter
1

Chapter
2

Chapter
3

Chapter
4

Chapter
5

Chapter
6

Chapter
7

Chapter
8

Addendum

SWRによる ネットワークアクセス

Section 6-3

NEXT. fetchからSWRへ

NEXT.

ここまで、fetchを使ってJSONデータを取得するサンプルをいくつか書いてきました。サーバーコンポーネントの場合、ただデータを取得して利用するだけですが、クライアントコンポーネントではUIの操作などに応じてfetchしデータを更新するようなこともよくあります。

サンプルでは特に例外時の処理なども用意していませんでしたが、実際の開発ではデータが正しく取り出せなかった場合の処理なども考える必要があります。またfetchされたデータの更新はステートフックを使うことになりますし、必要に応じて副作用フックからfetchすることもあるでしょう。ただ「サーバーからデータを取得する」というだけのことなのに、なんだが気がつけばどんどんコードが複雑化していくことに気がついたはずです。

もっとシンプルにサーバーアクセスを行いたい。そういう人のために、Next.jsの開発元であるVercelが提供しているオープンソースのパッケージが「SWR」です。

SWRは、Reactのフックを利用したデータアクセスパッケージです。Reactでは、ステートのように自動更新される値を扱うための機能があり、それを読み書きするためにステートフックという機能が提供されています。SWRも、これと同様にフックとして提供することで、自動的にサーバーからデータを取得し表示を更新するような仕組みを提供してくれます。

SWRをインストールする

SWRは、Next.jsに標準では組み込まれていません。従って、まずはインストール作業を行う必要があります。

ターミナルでプロジェクトのフォルダー（ここでは「sample_next_app」を利用します）内に場所を移動し、以下を実行してください。

```
npm install swr
```

図 6-7 npm install コマンドでSWRをインストールする

　これでSWRがプロジェクトにインストールされます。これはNext.jsだけでなく、もちろんReactプロジェクトでも使えますので、作成したプロジェクトすべてにインストールしておくとよいでしょう。

SWRの基本

　では、SWRはどのように利用するのでしょうか。基本的な使い方を説明しておきましょう。まず、SWRの利用には、冒頭で以下のようなimport文を用意しておく必要があります。

```
import useSWR from 'swr'
```

　この「useSWR」というのが、SWRを利用するためのフックです。これを使ってSWRにアクセスするための値を作成します。これは、以下のように呼び出します。

●useSWRの基本形

```
const {data, error, mutate, isLoading} = useSWR(アドレス,《fetcher》,オプション)
```

　useSWRの戻り値は、4つの値が用意されています。これらを{}でそれぞれの変数に代入して使います。この4つは以下のようなものです。

data	取得したデータが保管されます。
error	エラー発生時の情報が渡されます。
mutate	更新用の関数です。これを呼び出すことで強制的に更新できます。
isLoading	ロード中かどうかを示すboolean値です。

　SWRを使ってデータが正しく取り出せている場合は、その値は変数dataに設定されます。データアクセスに時間がかかる場合は、変数isLoadingの値をチェックし、これがtrueであれば読み込み中であると判断できます。

fetcherについて

　useSWR関数には3つの引数が用意されます。1つは、アクセス先を示すもので、通常はURLやパスを示すテキストが用意されます。3つ目はオプション情報の設定で、これは今のところ使うことはありません。

　問題は、2つ目の引数です。これは、「fetcher（フェッチャー）」と呼ばれるものを指定するためのものです。

　fetcherは、アクセスしてデータを取得するのに使われる関数です。useSWRは、このfetcherに指定した関数を使ってアクセスし、データを取得します。従って、SWRを利用するためには、このfetcherの書き方を理解しておく必要があります。

　fetcherは、データにアクセスするものであればどのようなものでも利用できます。サーバーにアクセスしてデータを取得するのであれば、これまで利用してきたfetch関数をそのまま使うのが基本でしょう。これは、テキストを取得する場合とJSONオブジェクトを取得する場合で書き方が少し変わってきます。

●テキストを取得するfetcher関数

```
(...args) => fetch(...args).then(res => res.text())
```

●JSONオブジェクトを取得するfetcher関数

```
(...args) => fetch(...args).then(res => res.json())
```

　これらは、「この通りに書く」と覚えてしまってください。これをアレンジすることはほとんどありませんので、この2つのいずれかをfetcherとして指定しておけばいいでしょう。

NEXT sample.jsonのメッセージを表示する

　では、実際にSWRを使ってみましょう。ここまでのサンプルで、fetch関数を使ってsample.jsonからmessageを取り出して表示する、というものを作りましたね。あれと同じ仕組みをSWRで作成してみましょう。

　では、「app」フォルダーにあるpage.tsxを開いて以下のように書き換えてください。

リスト6-13

```
"use client"
import useSWR from 'swr'

const url = '/sample.json'
const fetcher = (...args) =>
  fetch(...args).then(res => res.json())

export default function Home() {
  const {data,error,isLoading} = useSWR(url, fetcher)

  function doSWR() {
    if (error) return <p>ERROR!!</p>
    if (isLoading) return <p>isLoading...</p>
    return <p>{data.message}</p>
  }

  return (
  <main>
    <h1 className="title">Index page</h1>
    <p className="msg font-bold">
      ※SWRでデータを取得します。</p>
    <div className="border p-2 m-5">{doSWR()}</div>
  </main>
  )
}
```

図 6-8 トップページにアクセスすると、sample.jsonからmessageを取得し表示する

　実際にトップページにアクセスすると、sample.jsonのmessageのテキストを表示します。簡単なものですが、SWRの基本的な使い方はこれでわかるでしょう。

処理の流れを整理する

　では、コードを見ていきましょう。まず、冒頭に"use client"とありますね。useSWRは
Reactのフックを使っていますから、クライアント側でのみ動作します。サーバーコンポー
ネントでは使えないので注意してください。

　続いて、useSWRをインポートする文を記述します。

```
import useSWR from 'swr'
```

　これで、useSWRが使えるようになりました。コンポーネント関数の前に、定数を2つ用
意しています。1つはアクセス先のパス、もう1つがfetcher関数です。

```
const url = '/sample.json'
const fetcher = (...args) => fetch(...args).then(res => res.json())
```

　URLは、'/sample.json'となっていますね。fetch関数のように、http://localhost:3000/
sample.jsonと完全なURLを指定する必要はありません。相対パスだけでアクセス先を指
定できます。

　fetcherは、先ほどのJSONオブジェクト用のものをそのまま用意しています。これで、
定数fetcherに関数が用意されました。これをuseSWRで使えばいいわけですね。

　では、コンポーネント関数にあるuseSWRを見てみましょう。

```
const {data,error,isLoading} = useSWR(url, fetcher)
```

　useSWRの引数には、あらかじめ用意しておいたurlとfetcherの2つの定数をそのまま指
定します。戻り値は、{data,error,isLoading}というように3つの定数にそれぞれ代入され
るようにしています。mutateは使わないので省略しました。

doSWR関数について

　これで、SWRのための処理は完了です。useSWRを用意できれば、もう後はすることが
ありません。

　SWRで得られる値を表示するのに、ここではdoSWRという関数を用意しておきました。
これを<div>タグのコンテンツとして{doSWR()}というように埋め込んでいます。

　では、doSWR関数ではどのような処理を行っているのでしょうか。実は、非常に単純です。

●エラー発生時の表示

```
if (error) return <p>ERROR!!</p>
```

●ロード中の表示

```
if (isLoading) return <p>isLoading...</p>
```

●それ以外の表示

```
return <p>{data.message}</p>
```

　まず、if (error)でエラーが発生しているかどうかをチェックしています。続いて、if (isLoading)で、ロード中かどうかをチェックしています。これらは表示するJSXをreturnしているだけです。

　そしてそれ以外の場合（正常に値が得られた場合）の表示をreturnしています。{data. message}として、取得したdataからmessageを取り出し表示しているのがわかります。

　このようにSWRでは、ロード中の処理も、useSWRで得られる値をチェックして表示するJSXをreturnするだけで作成できます。もちろん、指定したURLから得られた値の表示も、ただJSXを書くだけです。

　コード全体を見ると、実際に指定のURLにアクセスしたり、そこからデータを取り出したり、といった具体的な処理のコードが一切ないことに気がつくでしょう。これがSWRを利用する最大のメリットです。

　SWRは、Reactのフックを利用しているため、値が更新されれば表示も自動的に更新されます。プログラマ側が自分でデータにアクセスして処理する必要がないのです。useSWRでデータを取り出す変数を用意すれば、後はそれを埋め込むだけです。

　もちろん、取得したデータを元にさまざまな処理を行う必要がある場合は、そのための処理を要する必要があるでしょう（副作用フックを利用してuseSWRで得たステートの更新イベントで処理を行えばいいでしょう）。しかし、ただ必要なデータを取得して表示するだけならば、SWRを使えばアクセスや表示のことなど何も考える必要がないのです。

データアイテムをコンポーネント化する

　sample.jsonには、dataとしてダミーのデータも用意してありましたね。こうしたいくつもの項目からなるデータ類は、SWRで取得するだけでなく、項目を表示するコンポーネントを利用すると、より柔軟な対応ができるようになります。

　では、実際に簡単なサンプルを作ってみましょう。まず、データの表示用にスタイルクラスを追加しておきます。global.cssを開いて、以下を追記しておきましょう。

リスト6-14

```
table {
  @apply m-5;
}
table tr th {
  @apply border-solid border-2 bg-blue-100 px-10;
}
table tr td {
  @apply border-solid border-2 p-2;
}
```

　追加したスタイルクラスを見ればわかるように、今回はテーブルを使ってデータを表示させてみます。

データ用コンポーネント

　では、取得したデータを表示するためのコンポーネントを作りましょう。「app」フォルダーの中に、新たに「JsonItem.tsx」という名前でファイルを作成してください。そして、以下のようにコードを記述します。

リスト6-15

```
"use client"

export default function JsonItem(props) {
  return (
    <tr>
      <td>{props.data.name}</td>
      <td>{props.data.mail}</td>
      <td>{props.data.age}</td>
    </tr>
  )
}
```

　コンポーネント内から利用するコンポーネントも、同じコンポーネントですから.tsxファイルとして作成します。配置する場所も「app」フォルダー内です。ここまで使ってきた、ページのコンテンツを表示するコンポーネントと基本的には同じ感覚で作成できます。

　まず、冒頭に"use client"を明示的に記述して、クライアントコンポーネントとして扱われるようにしていますね。このコンポーネントはクライアントコンポーネントとして作成しているトップページのコンポーネント（Homeコンポーネント）から利用するものなので、サーバーコンポーネントになってしまってはうまく利用できません。

　JsonItemがコンポーネントの関数です。引数にプロパティを渡すpropsを用意しておき、

その中のdataから値を取り出して表示を作成しています。{props.data.name}といった部分ですね。props.data内にはname, mail, ageといった値が保管されているものとして表示を作成していきます。

　ここでは<table>でデータを表示するため、<tr>〜</tr>という形でデータの表示を作成してあります。

JsonItemコンポーネントでデータを表示する

　では、作成したJsonItemコンポーネントを利用して、sample.jsonから取得したdataの内容を表示させてみましょう。「app」フォルダー内からpage.tsxを開いて以下のように内容を修正してください。

リスト6-16

```
"use client"
import JsonItem from './JsonItem'
import useSWR from 'swr'

const url = '/sample.json'
const fetcher = (...args) => fetch(...args)
  .then(res => res.json())

export default function Home() {
  const {data,error,isLoading} = useSWR(url, fetcher)

  const doItem = (value)=>{
    return <JsonItem data={value} />
  }

  return (
    <main>
      <h1 className="title">Index page</h1>
      <p className="msg font-bold">
        ※SWRでデータを取得します。</p>
      <table>
        <thead>
          <tr>
            <th>name</th>
            <th>mail</th>
            <th>age</th>
          </tr>
        </thead>
        <tbody>
```

```
            {data ? data.data.map((value)=>doItem(value))
              : <tr><td>-</td><td>-</td><td>-</td></tr>}
          </tbody>
        </table>
      </main>
  )
}
```

図 6-9 トップページにアクセスすると、sample.json から data のデータを取得し、テーブルにまとめて表示する

　トップページにアクセスすると、sample.json の data にまとめたデータがテーブルに整理されて表示されます。JsonItem コンポーネントでテーブルに表示するデータをレイアウトして表示しているのですね。

　ここでは、冒頭で以下のようにして JsonItem コンポーネントを読み込んでいます。

```
import JsonItem from './JsonItem'
```

　export default でエクスポートしているので、{JsonItem}のように記述する必要はありません。useSWR で sample.json からデータを取得する部分は、これまで作ったサンプルと全く同じです。違うのは、取得したデータを表示する部分だけです。

　データの表示は、JsonItem コンポーネントで行っています。これを利用しているのは、doItem 関数の部分です。

```
const doItem = (value)=>{
  return <JsonItem data={value} />
}
```

　引数に渡されたvalueをdataという属性に指定して、JsonItemコンポーネントを作成し
returnしています。コンポーネントでは、data={value}というようにして属性を指定して
いますね。HTMLやページ用のコンポーネントと同じように、属性を使ってコンポーネン
トに値を渡すことができます。

　このdata属性に設定された値は、そのままJsonItemコンポーネントの関数に用意した
propsにdataプロパティとして渡されることになります。

　このdoItem関数を使ってJSX内にdataのデータをJsonItemコンポーネントとして組み
込んでいるのが以下の部分です。

```
{data ? data.data.map((value)=>doItem(value))
  : <tr><td>-</td><td>-</td><td>-</td></tr>}
```

　これは、慣れない内は何をやっているのかよくわからないかもしれません。この{}部分は、
三項演算子を使って以下のように記述しています。

```
data ? 値があるときの内容 : 値がないときの内容
```

　dataの値がまだないときは、最後にある<tr> 〜 </tr>部分を表示するようにしています。
そして値があるときは、?の後にある部分が実行されます。

　この部分では、JavaScript（TypeScriptも同じ）の配列に用意されているmapメソッドを
使って表示を作成しています。mapメソッドは、配列の値を順に取り出して処理を行うた
めのもので、以下のように呼び出します。

```
配列.map( 引数 => 内容 )
```

　引数にはアロー関数を用意しておきます。このアロー関数では、配列から取り出した値が
引数として渡されます。ここで出力する内容を用意すれば、配列の各値ごとにその内容が出
力されていくわけです。

Chapter 1
Chapter 2
Chapter 3
Chapter 4
Chapter 5
Chapter 6
Chapter 7
Chapter 8
Addendum

サーバー側でSWRを利用する

SWRは、クライアントからのデータアクセスを行う場合、現時点でもっとも扱いやすいものでしょう。フックを利用しているため、データの取得忘れや更新忘れなどを気にする必要もありません。

では、サーバーサイドではどうでしょうか。サーバーコンポーネントでSWRを利用することはできません。しかし、SWRのデータ取得や表示の自動更新などをサーバー側でも使うことができれば大変便利ですね。

Next.jsでは、サーバーコンポーネントとクライアントコンポーネントを混在して利用することも可能です。つまり、サーバーコンポーネントにクライアントコンポーネントを埋め込んで使うことなども実はできるのです。ただし、そのためにはちょっと組み込みに工夫をする必要があります。これは少しわかりにくいので、実際にサンプルを作りながら説明しましょう。

SWR利用コンポーネントの作成

まず、SWRを利用したコンポーネントを作成します。「app」フォルダー内に「GetData.tsx」という名前でファイルを作成しましょう。そして、以下のようにコードを記述しておきます。

リスト6-17

```
'use client'
import useSWR from 'swr'

const url = '/sample.json'
const fetcher = (...args) => fetch(...args)
  .then(res => res.json())

export default function GetData() {
  const {data,error,isLoading} = useSWR(url, fetcher)
  return (
    data ?
      <p className="msg border p-2">{data.message}</p>
      : <p className="msg border p-2">nodata</p>
  )
}
```

ごく単純なコンポーネントですね。SWRを使ってsample.jsonにアクセスをし、データを取得して、そのmessageを表示します。先ほど説明した三項演算子を使い、dataがなけ

れば<p>nodata</p>と表示し、あればdata.messageを<p>で表示するようにしています。そう難しいものではありませんので説明は不要でしょう。

プロバイダーコンポーネントの設計

　これでSWRを利用したクライアントコンポーネントは用意できました。次に作成するのは、「プロバイダー」コンポーネントです。プロバイダーコンポーネントは、SWRの設定を構成するためのものです。これを利用することで、コンポーネント内に現在使われている設定とは別の独立した設定によるSWRコンポーネントを埋め込むことができます。

　これはSWRに用意されている「SWRConfig」というコンポーネントを使って作成をします。「app」フォルダー内に、新たに「swr-provider.tsx」という名前のファイルを作成してください。そして以下のように内容を記述します。

リスト6-18
```
'use client'
import { SWRConfig } from 'swr'

export const SWRProvider = ({ children }) => {
  return <SWRConfig>{children}</SWRConfig>
}
```

　プロバイダーコンポーネントは、このように非常にシンプルなものです。importしたSWRConfigコンポーネントを使い、その間にchildrenによる子コンポーネントを埋め込んで表示するだけです。

　これにより、このSWRProviderの内部でSWRを新たに構成して動かすようになります。わかりやすくいえば、SWRProviderを埋め込んでいる外側のコンポーネントから独立して、SWRProviderの内側のコンポーネントを動かせる、と考えてください。

サーバーコンポーネントにSWR利用コンポーネントを埋め込む

　では、作成したプロバイダーコンポーネントをサーバーコンポーネントに埋め込みましょう。今回もトップページのコンポーネントを使います。「app」フォルダー内のpage.tsxを開き、以下のように記述してください。

リスト6-19
```
"use server"
import { SWRProvider } from './swr-provider'
import GetData from './GetData'
```

```
export default async function Home() {
  return (
    <main>
      <h1 className="title">Index page</h1>
      <p className="msg font-bold">
        ※SWRでデータを取得します。</p>
      <SWRProvider>
        <GetData />
      </SWRProvider>
    </main>
  )
}
```

図6-10 トップページにsample.jsonのmessageが表示される

　トップページにアクセスすると、sample.jsonのmessageの値が表示されます。アクセスすると、最初に一瞬、「nodata」と表示され、それからmessageのテキストが表示されるのに気づいたでしょう。最初はsample.jsonのデータがまだ取得できていなかったため「nodata」となるけれど、データが取得された段階でちゃんとmessageに表示が変わります。データの取得により表示が自動的に更新されるわけで、SWRのメリットがきちんと機能していることがわかります。

　このコンポーネントは、"use server"を指定してサーバーコンポーネントとして作成をしています。つまり、サーバーコンポーネント内にクライアントコンポーネントであるGetDataを埋め込んで動くようにしているのです。ここでは、以下のようにコンポーネントを利用していますね。

```
<SWRProvider>
  <GetData />
</SWRProvider>
```

　SWRProviderの子コンポーネントとしてGetDataコンポーネントを組み込んでいます。こうすることで、SWRProviderの内部でSWRを使ったクライアントコンポーネントが独立して動くようになっているわけです。

　SWRはクライアントでのみ動作しますが、このようにプロバイダーコンポーネントを利用することでサーバーコンポーネントから利用することもできるようになります。

　サーバーとクライアントのそれぞれで必要な処理を実装し、それらをうまく組み合わせて使えば、「サーバーだから」「クライアントだから」といった枠にとらわれない開発が行えるようになるのです。

Chapter 1

Chapter 2

Chapter 3

Chapter 4

Chapter 5

Chapter 6

Chapter 7

Chapter 8

Addendum

255

APIの作成と利用

Webアプリケーションでは、Webページ以外に「Web API」というものも使われます。これはデータをやり取りするためのもので、このAPIを利用することでサーバーとデータを送受できます。ここではPagesルーターとAppルーターでそれぞれAPIの実装方法を説明しましょう。

ポイント
- ▶ PagesルーターのAPI作成について理解しましょう。
- ▶ AppルーターのAPI作成についても理解しましょう。
- ▶ APIでファイルを操作する手法を身につけましょう。

Section 7-1 PagesルーターとAPI

NEXT WebアクセスとAPI

ここまで作成してきたNext.jsアプリケーションは、基本的にすべて「コンポーネントによるページ」という形で処理を実装してきました。ページの表示は、Webアプリケーションの基本です。しかし、それ以外にもWebアプリに用意できるものがあります。それは「API」です。

API（Web API）とは、Webアプリケーションの機能や他のプログラムと共有するサービスなどを提供するためのインターフェースのことです。Webでは、例えばさまざまなデータを利用します。前章で、sample.jsonというJSONファイルに直接アクセスをしてデータを取得しましたね？ あの例のように、JSONを使ってWebページとデータをやり取りすることはよくあります。

これを更に進化させ、「指定したIDをパラメーターで送ると、そのデータが得られる」というようにしたい、と考えたとしましょう。こうなると、もうJSONファイルを置いてアクセスするというやり方は通用しません。送られた情報を元に必要なデータを取り出し、JSONデータとして返すような機能が必要となります。これが「API」です。

APIは、これまでのWebページ用のコンポーネントのようにHTMLを使った表示などは作成しません。やり取りするのは、必要な情報を記述したテキストや、JSON/XMLなどを利用したデータなどです。

HTMLのコードではなく、データをそのまま出力するため、これまでのようなコンポーネントとして定義することはできません。では、どのようにしてAPIを作成するのでしょうか。

ルーター方式でAPIは異なる

これは、Next.jsにそのための機能がちゃんと備わっていますので心配はいりません。ただし、注意が必要なのは「ルーター方式によって作り方が少し違う」という点です。

Next.jsでは、AppルーターとPagesルーターがありましたね。このどちらを使っている

かによって、API の実装方法が変わってくるのです。従って、2つのルーター方式のそれぞれについて API の作り方を学ぶ必要があります。この点をしっかりと頭に入れておきましょう。

Chapter 1
Chapter 2
Chapter 3
Chapter 4
Chapter 5
Chapter 6
Chapter 7
Chapter 8
Addendum

「api」フォルダーについて

まずは、Pages ルーターにおける API から説明しましょう。Visual Studio Code で「sample_next_page」フォルダーを開いておきましょう。またターミナルも、「sample_next_page」フォルダーを開いて npm run dev を実行してください。

sample_next_page の「src」フォルダー内の「pages」フォルダーを見ると、今まで使ったことのないフォルダーが用意されていることに気がつくでしょう。それは、「api」フォルダーです。このフォルダーが、API のコードを設置するための専用フォルダーなのです。Pages ルーターでは、この「api」フォルダーに配置したコードファイルは自動的に API のコードとして認識されるようになっています。

ここには、サンプルとして「hello.ts」というファイルがデフォルトで用意されています。この「.ts」という拡張子は、TypeScript のソースコードファイルを示すものです。「API」フォルダーに配置するのは、コンポーネントファイル（.tsx ファイル）ではなく、TypeScript のソースコードファイルになります。

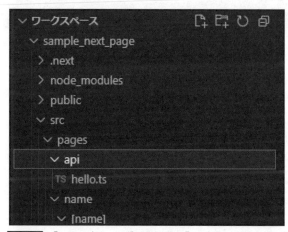

図 7-1 「pages」フォルダー内にある「api」フォルダーが、API 用の専用フォルダーになる

APIにアクセスする

では、APIはどのような働きをしているのでしょうか。実際にhttp://localhost:3000/api/helloにアクセスしてみましょう。「api」フォルダーのhello.tsに用意したAPI関数は、/api/helloというパスでアクセスできます。APIは、すべて/api/○○というパスで公開されるようになっています。

アクセスすると、{"name":"John Doe"}といったテキストが表示されるでしょう。これは、APIから送信されてきたテキストがそのまま表示されているのです。APIは、このようにJSONフォーマットのテキストを返すのが基本です。もちろん、それ以外にもさまざまな機能をAPIとして作成できますが、基本は「JSONデータを返す」ということなのです。

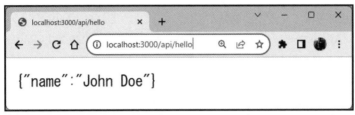

図 7-2 /api/helloにアクセスすると、{"name":"John Doe"}とJSONデータが表示される

NEXT. APIの基本コード

では、APIを利用するコードがどのようになっているのか見てみましょう。hello.tsファイルを開き、その内容を確認してみます。

リスト7-1

```
import type { NextApiRequest, NextApiResponse } from 'next'

type Data = {
  name: string
}

export default function handler(
  req: NextApiRequest,
  res: NextApiResponse<Data>
) {
  res.status(200).json({ name: 'John Doe' })
}
```

このようなコードが書かれていたはずです。見ればわかるように、コンポーネントのコードとはかなり違っていますね。では、このコードで何をしているのか、順に説明しましょう。

APIオブジェクトのインポート

まず最初にあるのは、import文です。ここでは以下のような文が用意されていますね。

```
import type { NextApiRequest, NextApiResponse } from 'next'
```

ここでは、Next.jsに用意されているAPI用のオブジェクトをインポートしています。これらはそれぞれ以下のような働きをします。

NextApiRequest	API用のリクエスト・オブジェクトです。クライアントからサーバーに送られてくる情報などを管理しています。
NextApiResponse	API用のレスポンス・オブジェクトです。サーバーからクライアントに返送する情報などを管理します。

Webのアクセスというのは、「リクエストを送り、レスポンスを返す」というのが基本です。この2つのオブジェクトは、アクセスの基本であるリクエストとレスポンスの情報を管理するものなのです。

オブジェクトのタイプ定義

コードで最初に行っているのは、「Data」というタイプ(値の型)の定義です。これを行っているのが以下の部分です。

```
type Data = {
  name: string
}
```

これは、{name: string}というオブジェクトをDataという名前のタイプとして定義するものです。TypeScriptは、typeというキーワードを使って新たにタイプを定義できます。

ここでは、クライアント側に返信するJSONデータとして、このDataというタイプを定義しています。これは、この後で使います。

Chapter 1
Chapter 2
Chapter 3
Chapter 4
Chapter 5
Chapter 6
Chapter 7
Chapter 8
Addendum

┃関数の定義

　その後にある export default 〜の部分がAPIの関数です。これは、以下のような形で定義されます。

```
export default function handler(
  req: NextApiRequest,
  res: NextApiResponse<Data>
) {
    ……実行内容……
}
```

　関数は、必ず export default function 〜というようにして、デフォルトでエクスポートされるようにしておきます。関数名はどのようなものでもかまいませんが、わかりやすいように handler としておくのが一般的です。

　引数には、NextApiRequest と NextApiResponse が用意されています。この内、NextApiResponse には<Data>というものがつけられていますね？ これは「ジェネリック型」と呼ばれるものです。

　TypeScriptでは、変数などを用意するとき、その変数に設定されるタイプも指定できます。例えば、ここにある req: NextApiRequest などは、「NextApiRequest 型の値が代入される req という変数」を示しています。

　が、オブジェクトの中には、特定の型の値を利用するように設計されているものもあります。例えば配列のようなものでは、「number 型の値だけを収める配列」などを作ることもありますね。このようなときに、「このオブジェクトで利用できる型はこれですよ」ということを指定するのに使われるのがジェネリック型です。

　ここでの res: NextApiResponse<Data> は、「Data 型の値を扱う NextApiResponse」を示しています。NextApiResponse はクライアントに返送する情報を管理するもの。つまり、これは「Data 型の値を返送する NextApiResponse」を意味していたのですね。

┃JSONデータを返送する

　この handler 関数で行っているのは、たった1文のコードです。ただし、1文ですが、2つのメソッドを連続して呼び出しています。

```
res.status(200).json({ name: 'John Doe' })
```

　res は、引数で渡される NextApiResponse<Data> オブジェクトでしたね。そこから以下のメソッドを呼び出しています。

```
status(コード)
```

これは、レスポンスのステータスコードを設定するものです。ステータスコードは、番号によって応答が正しく得られたかどうかを示します。ここでは「200」を指定していますね。これは、正常にアクセスできたことを示すステータスコード番号です。通常はこれを設定します。

```
json({ name: 'John Doe' })
```

続けて呼び出されているのは、返信データとしてJSONデータを設定するメソッドです。引数にTypeScriptのオブジェクトを指定すると、それをJSONフォーマットのテキストに変換したものを返信データとして設定します。

ここでは、{ name: 'John Doe' }と値を設定していますね。このとき注意したいのは、「このresでは、Data型の値しか利用できない」という点です。先に<Data>とジェネリック型を指定していましたね。これにより、返送する値として使えるのはData型だけになっています。それ以外のものは使えないのです。

以上のように、APIの関数は、statusとjsonを呼び出してステータスコードと返送するJSONデータを設定します。これだけきちんと行っていれば、API関数として使えるようになります。

NEXT. コンポーネントからAPIを利用する

では、サンプルのAPIを利用してみましょう。ここではトップページのコンポーネントを修正して、APIからデータを受け取り表示させてみます。なお、ここではSWRを利用するので、「npm install swr」を実行してプロジェクトにSWRをインストールしておきましょう。

「pages」フォルダーのindex.tsxを開き、以下のようにコードを書き換えてください。

リスト7-2

```
'use client'

import { Inter } from 'next/font/google'
import useSWR from 'swr'

const inter = Inter({ subsets: ['latin'] })

const url = '/api/hello'
const fetcher = (...args) => fetch(...args)
```

```
  .then(res => res.json())

export default function Home() {
  const {data, error, isLoading} = useSWR(url, fetcher)
  return (
    <main>
      <h1 className="header">Index page</h1>
      <p>これは、API利用のサンプルです。</p>
      <p className="border p-3">
        result: {error ? "ERROR!!" : isLoading ? "loading..." : data.name}
      </p>
    </main>
  )
}
```

図 7-3 トップページにアクセスすると、APIにアクセスして取得したデータを表示する

　修正できたら、トップページにアクセスして表示を確認しましょう。APIにアクセスし、「result: John Doe」とデータを表示します。

　ここでは、SWRを利用しています。まず、アクセス先のパスとfetcher関数を以下のように用意しておきます。

```
const url = '/api/hello'
const fetcher = (...args) => fetch(...args)
  .then(res => res.json())
```

　fetcherは、thenにres => res.json()と関数を用意してJSONオブジェクトとして取り出すようにしておきます。APIから送られるデータもJSONを使っていますから、これでAPIのデータをオブジェクトとして取り出せます。

　後は、関数内でuseSWR関数で必要なデータを取り出すだけです。

```
const {data,error,isLoading} = useSWR(url, fetcher)
```

これで、APIから取得したオブジェクトが変数dataに格納されます。後は、ここから
nameの値を取り出して表示するだけです。JSXでは、以下のようにしてnameを表示して
います。

```
{error ? "ERROR!!" : isLoading ? "loading..." : data.name}
```

useSWRで得られるdataは、アクセスして正常にデータが取得されてからでないと使え
ません。errorはエラーが発生したかどうかを示すもので、isLoadingはデータのロード中
を示すものです。これらがいずれもfalseならば、data.nameを表示するようにします。

これで、APIからデータを取得して表示する、という処理ができました。基本は、「SWR
を使ってAPIにアクセスする」というだけであり、SWRの使い方さえわかっていれば誰でも
簡単にAPIにアクセスできるようになります。

IDでデータを取得する

単純に値を返すだけのものならば、APIとして設計する必要はあまりありません。APIは、
パラメーターなどの値を元に必要な値を取り出したりするのに用いるものです。では、こう
したサンプルを作って利用してみることにしましょう。

例として、IDの値をパラメーターで渡すとそのIDのデータを返す、といったAPIを考え
てみます。「api」フォルダー内に新しいフォルダーを作成してください。名前は「data」とし
ておきましょう。

フォルダーを用意したら、その中に新たにファイルを作成します。名前は「[id].ts」として
おきます。名前からわかるように、これはダイナミックルーティングの機能を利用するもの
です。APIでも、ダイナミックルーティングはもちろん使えます。

これで、/api/data/○○という形でアクセスするAPIのソースコードファイルが用意でき
ました。では、この[id].tsにコードを記述しましょう。

リスト7-3

```
import type { NextApiRequest, NextApiResponse } from 'next'

type Data = {
  name: string,
  mail: string,
  age: number
}
```

```
const data = [
  {"name":"taro","mail":"taro@yamada","age":"39"},
  {"name":"hanako","mail":"hanako@flower","age":"28"},
  {"name":"sachiko","mail":"sachico@happy","age":"17"},
  {"name":"jiro","mail":"jiro@change","age":"6"}
]

export default function handler(
  req: NextApiRequest,
  res: NextApiResponse<Data>
) {
  var id = +req.query.id
  id = id < 0 ? 0 : id >= data.length ? data.length - 1 : id
  const result = data[id]
  res.status(200).json(result)
}
```

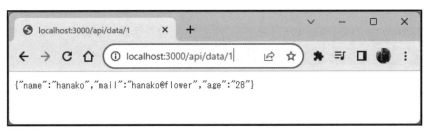

図 7-4　/api/data/番号 とアクセスすると、指定の番号のデータを表示する

　記述したら、実際にAPIにアクセスして動作を確認しましょう。/api/data/0とアクセスすると、dataの最初のデータが表示されます。/api/data/1とすれば2番目のデータが表示されるでしょう。パスの最後の番号によってデータが取り出されることが確認できます。

　ここでは、data定数にあらかじめデータを用意してあります。このデータは、typeにより以下のような構造になっていると定義されています。

```
type Data = {
  name: string,
  mail: string,
  age: number
}
```

　dataにある各データがこのData型の形になっていることがわかりますね。

　そして関数では、以下のようにして送信されたパラメーターの値を取り出しています。

```
var id = +req.query.id
```

　パスやクエリー文字列によって送られたパラメーターは、NextApiRequest の「query」というプロパティにオブジェクトとしてまとめられます。この中に、各パラメーターの値がプロパティとして保管されているのです。ここではパスから id というパラメーターが渡されますから、req.query.id とすれば取り出せるのですね。

コンポーネントからAPIを利用する

　では、作成した API をコンポーネントから利用してみましょう。まずはスタイルクラスの用意からです。「styles」フォルダーの global.css を開いて、以下を追記しておきましょう。

リスト7-4
```
input {
  @apply border p-2 m-5 w-20;
}
```

　では、コンポーネントを作りましょう。今回もやはりトップページのコンポーネントを書き換えて使うことにします。「pages」フォルダーの index.tsx を開き、以下のように書き換えてください。

リスト7-5
```
'use client'
import { Inter } from 'next/font/google'
import { useState } from 'react'
import useSWR from 'swr'

const inter = Inter({ subsets: ['latin'] })

const urlpath = '/api/data/'
const fetcher = (...args) => fetch(...args)
  .then(res => res.json())

export default function Home() {
  const [num, setNum] = useState(0)
  const [url, setUrl] = useState(urlpath + num)
  const {data,mutate,isLoading} = useSWR(url, fetcher)
  const doChange = (event)=>{
    const val = event.target.value
    setNum(val)
    setUrl(urlpath + val)
  }
  return (
    <main>
```

```
        <h1 className="header">Index page</h1>
        <p>これは、API利用のサンプルです。</p>
        <div>
          <input type="number" min="0" max="3"
            onChange={doChange} value={num}/>
        </div>
        <p className="border p-3">
          result: {isLoading ? "reading..."
            : JSON.stringify(data)}
        </p>
      </main>
    )
}
```

図 7-5 フィールドの数字を変更すると表示されるデータが変わる

　ここでは数字を入力するフィールドを1つ用意してあります。この数字を変更すると、表示されるデータが変わります。指定した番号のデータが常に表示されるようになっていることがわかるでしょう。

　ここでは、以下のようなフックを用意しています。

```
const [num, setNum] = useState(0)
const [url, setUrl] = useState(urlpath + num)
const {data,mutate,isLoading} = useSWR(url, fetcher)
```

　numはフィールドの値を保管するものです。urlは、アクセスするAPIのパスを保管します。そしてdataにSWRで取得した情報が保管されます。

　フックの後には、イベント処理用にdoChangeという関数が用意してあります。これは

フィールドの値が変更されると実行されます。

```
const doChange = (event)=>{
  const val = event.target.value
  setNum(val)
  setUrl(urlpath + val)
}
```

event.target.valueで値を取り出した後、setNumで番号を設定し、setUrlでアクセスするパスを変更します。これによりアクセス先が更新され、SWRが自動的に再アクセスして表示が更新される、というわけです。

SWRで取得されるデータはオブジェクトになっています。ここでは、とりあえずJSON.stringify(data)でテキストにして表示していますが、もちろんdata.nameというように個別に値を取り出し利用することもできます。

ファイルアクセスするAPI

APIは、ネットワークアクセス以外のデータアクセスにも利用されます。例えば、ファイルアクセスです。Node.jsにあるfsオブジェクトを使うことで、ファイルアクセスの処理は作成できますね。

ファイルアクセスを考えたとき、ただ単にファイルのテキストを読み取るだけでなく、テキストを送信してファイルに追加するような処理も必要となるでしょう。こうしたデータの送信には、POSTアクセスが使われます。

では、APIでPOSTの処理はどのように行えばいいのでしょうか。これは、NextApiRequestの「method」プロパティを利用します。このmethodには、アクセスしたメソッドがテキストで保管されています。この値が"GET"ならば普通にアクセスしていますし、"POST"ならばPOST送信してアクセスしていると判断できるわけです。

ファイルを利用するAPIを作る

では、実際にファイルアクセスを行うAPIを作成してみましょう。「api」フォルダー内に、新しく「fs.ts」という名前のファイルを作成しましょう。そして以下のようにコードを記述します。

リスト7-6
```
import fs from 'fs'
import type { NextApiRequest, NextApiResponse } from 'next'
```

```
type Data = {
  content: string
}
const path = 'data.txt'

export default function handler(
  req: NextApiRequest,
  res: NextApiResponse<Data>
) {
  var content = ''
  switch(req.method) {
    case 'GET':
      content = fs.readFileSync(path, {flag:'a+'}).toString().trim()
      break
    case 'POST':
      const body = JSON.parse(req.body)
      fs.appendFileSync(path, body.content + "\n")
      break
    default:
      break
  }
  res.status(200).json({ content: content })
}
```

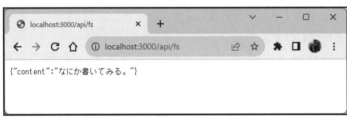

図 7-6　/api/fsにアクセスするとdata.txtの内容が表示される。これはサンプルとしてテキストを追加して表示させている

　記述したら、実際に/api/fsにアクセスしてみましょう。まだ何もファイルは用意していないので、{"content":""}としか表示されないでしょう。一度アクセスすると、プロジェクトのフォルダー内に「data.txt」というファイルが作成されます(npm run devで開発モード実行中の場合)。これが、アクセスするファイルになります。

　ここでは、handler関数内でメソッドごとに実行する処理をswitchで作成しています。ここで行っている処理を整理すると以下のようになるでしょう。

```
switch(req.method) {
  case 'GET':
    ……GETアクセスの処理……
  case 'POST':
    ……POSTアクセスの処理……
  default:
    ……その他の処理……
}
```

req.methodの値に応じて処理を分岐しています。こうすれば、簡単にGETとPOSTの処理を分けて作成できますね。

ファイルからテキストを読み込む

GETアクセスでは、単純にpathに指定したファイルからテキストを読み込み、それをcontentに設定しています。

```
content = fs.readFileSync(path, {flag:'a+'}).toString().trim()
```

readFileSyncでファイルの内容を読み込み、toStringでテキストとして取り出しています。更にtrimを呼び出していますが、これは前後のホワイトスペース(改行など)を取り除くものです。

送信されたデータを取り出し保存する

POSTでは、クライアント側から送られてきたコンテンツを取り出し、それをファイルに追記しています。まず、以下のような文がありますね。

```
const body = JSON.parse(req.body)
```

これは何をしているのかというと、クライアントから送られてきたボディコンテンツをオブジェクトとして取り出しているのです。POSTでは、送信したい情報をボディコンテンツとして設定して送ってきます。これはNextApiRequestの「body」というプロパティに保管されているのです。これを取り出し、JSON.parseでJSONオブジェクトに変換をしています。

後は、そこからコンテンツのテキストを取り出してファイルに追記するだけです。

```
fs.appendFileSync(path, body.content + "\n")
```

ここでは、contentという値としてコンテンツが送られてくる前提で処理を作成していま

す。appendFileSyncメソッドで、body.content + "\n"というようにして送られてきたコンテンツと改行文字をpathのファイルに追記しています。

これでPOST送信されたデータの処理は完了です。

 # APIを利用してコンポーネントからファイルアクセスする

では、作成したAPIを利用するコンポーネントを作ってみましょう。まず、スタイルクラスを追加しておきます。global.cssファイルの末尾に以下を追記しておきましょう。

リスト7-7

```
.form {
  @apply p-2 m-5;
}
textarea {
  @apply border w-full;
}
button {
  @apply px-7 py-2 mx-2 bg-blue-800 text-white rounded-lg;
}
pre {
  @apply m-5 p-2;
}
```

続いて、コンポーネントです。今回もトップページのコンポーネントを修正して使います。「pages」フォルダーのindex.tsxを開いて以下のように内容を書き換えてください。

リスト7-8

```
'use client'
import { Inter } from 'next/font/google'
import { useState } from 'react'
import useSWR from 'swr'

const inter = Inter({ subsets: ['latin'] })

var url = '/api/fs'
const fetcher = (...args) => fetch(...args)
  .then(res => res.json())

export default function Home() {
  const [input, setInput] = useState('')
```

```
const {data,error,mutate,isLoading} = useSWR(url, fetcher)

const doChange = (event)=>{
  const val = event.target.value
  setInput(val)
}
const doAction = ()=> {
  const opts = {
    method:'POST',
    body:JSON.stringify({content:input})
  }
  fetch(url,opts)
  .then(resp=>{
    setInput('')
    mutate(url)
  })
}

return (
  <main>
    <h1 className="header">Index page</h1>
    <p>これは、API利用のサンプルです。</p>
    <div className="form">
      <textarea type="text" onChange={doChange}
        value={input} />
      <button onClick={doAction}>Click</button>
    </div>
    <pre className="border p-3">
      {error ? 'ERROR!!' : isLoading ? 'loading...'
        : data ? data.content : ''}
    </pre>
  </main>
)
}
```

Chapter
1

Chapter
2

Chapter
3

Chapter
4

Chapter
5

Chapter
6

Chapter
7

Chapter
8

Addendum

図 7-7 テキストエリアにテキストを書いてボタンを押すと、テキストが送信されファイルに追記される

　修正できたら、トップページにアクセスして動作を確かめましょう。入力エリアにテキストを記入し、ボタンをクリックしてください。テキストがAPIに送られファイルに追記されます。追記されると自動的にコンテンツの表示も更新されます。

　コンテンツの更新は、mutate(url)を呼び出して行っています。mutateを使うのはこれが初めてですね。これはSWRのアクセスを更新するためのもので、以下のように呼び出します。

```
mutate(アクセス先)
```

　これにより、指定したアクセス先にSWRを強制的にアクセスさせることができます。初期設定とは異なるURLにアクセスさせたり、ここでの例のように表示を更新させるのにも利用できます。覚えておくとけっこう役に立つ関数でしょう。

Section 7-2 Appルーターと ルートハンドラ

NEXT Appルーターにおける API とルートハンドラ

Pages ルーターにおける API の利用については、だいぶわかってきました。Pages ルーターでは、デフォルトで「api」という API 専用の場所が用意されており、そこにファイルを設置すれば自動的に API として認識されるようになっていました。

では、App ルーターではどうでしょうか。App ルーターの場合、「api」フォルダーのような専用の場所は用意されていません。基本的に「app」フォルダー内のどこにでも API は設置できます。普通の Web ページ用のコンポーネントとの違いはコードの中身だけです。

App ルーターでも、API 用のコードは「.ts」拡張子のファイル（TypeScript のソースコードファイル）として作成されます。

では、どのようにして API を作成するのでしょうか。これは、「ルートハンドラ」というものを使って処理を実装します。

ルートハンドラについて

ルートハンドラというのは、文字通りクライアントからのリクエストをハンドリングするためのものです。これは、送られるリクエストの HTTP メソッドごとに関数として実装されます。

もっとも基本的な GET メソッドのルートハンドラ関数は以下のような形になります。

● 「GET」ルートハンドラの基本形

```
export async function GET(request: Request) {
    ……処理を用意……
    return 《Response》
}
```

GET メソッド用の関数は、そのまま「GET」という名前で定義します。export async で非同期関数としてエクスポートします。default は指定しません。

　引数に渡されるRequestは、リクエストに関する情報をまとめるオブジェクトです。これを利用して、クライアントから送られた情報などを取り出し利用します。

　GETは、何らかのコンテンツを取得するために用いられるメソッドですので、最終的にはクライアントに返送するコンテンツを用意して返す必要があります。これは、「Response」というオブジェクトとして用意します。このResponseをreturnすることでGETメソッドの処理は完了します。

　では、Responseはどのように作成すればいいのでしょうか。これは、実は簡単です。

●Responseの作成

```
new Response( コンテンツ , 設定 )
```

　引数に、コンテンツとして返送するstring値を指定します。オブジェクトなどを返送する場合は、JSON.stringifyなどでstringに変換して渡してください。

　第2引数には、送信に関する各種の設定情報をオブジェクトにまとめたものを用意します。これは、以下のような形で用意すればいいでしょう。

```
{
    status: コード番号 ,
    headers: {……ヘッダーの設定……},
}
```

　最低限必要となるのは、statusです。ここでステータスコードの番号を指定します。また送信する際にヘッダー情報などを用意する必要があれば、headersとして用意できます。これはヘッダーのキーと値をオブジェクトにまとめたものを値に設定します。

GETメソッドのルートハンドラを作る

　では、実際にルートハンドラを作ってみましょう。VSCodeで「sample_next_app」を開き、ターミナルもこのフォルダー内に移動してnpm run devを実行しておいてください。「app」フォルダー内に、新たに「rh」という名前でフォルダーを用意しましょう。そして、このフォルダーの中に「route.ts」という名前で新たにファイルを作成します。

　このroute.tsが、ルートハンドラのファイルです。ルートハンドラは、フォルダーごとにroute.tsという名前で作成します。これにより、そのフォルダーのパスにアクセスすると、route.tsのルートハンドラが実行されるようになります。

　ここでは「rh」フォルダーに配置しますので、/rhとアクセスするとこのroute.tsのルートハンドラが呼び出されるようになります。

Chapter
1

Chapter
2

Chapter
3

Chapter
4

Chapter
5

Chapter
6

Chapter
7

Chapter
8

Addendum

 コラム ルートハンドラはコンポーネントより優先される　**Column**

　ルートハンドラを利用するとき、注意したいのは、他のコンポーネントとの競合です。ルートハンドラのroute.tsは、そのフォルダーのパスにアクセスされると最初に実行されます。同じ場所にコンポーネント（page.tsx）があっても、そちらは呼び出されなくなります。

　従って、ルートハンドラを利用する場合は、ここでの例のようにそのためのフォルダーを用意し、その中に設置するようにしましょう。

ルートハンドラを記述する

　では、ファイルを用意したら、ソースコードを作成しましょう。用意したroute.tsを開き、以下を記述してください。

リスト7-9

```
"use server"

export async function GET(request: Request) {
  const res = { content:'Hello, this is API content!'}
  return new Response(JSON.stringify(res), {
    status: 200,
    headers: { 'Content-Type': 'application/json' },
  })
}
```

　ここでは、クライアントに送信するコンテンツとして{ content:'Hello, this is API content!'}というオブジェクトを用意しておきました。これをJSON.stringifyでstringに変換し、new Responseに指定します。

　第2引数には送信時の設定情報として以下のような者を用意してあります。

```
{
  status: 200,
  headers: { 'Content-Type': 'application/json' },
}
```

　ステータスコード200は、正常にアクセスできたことを示す番号でしたね。headersには、Content-Typeの値を用意してあります。これはコンテンツの種類を示すもので、

'application/json' とすることでJSONデータがコンテンツとして送られることを示します。

　コードが用意できたら、実際にWebブラウザから/rhにアクセスをしてみてください。送信されるコンテンツがテキストとして表示されます。

図 7-8　/rhにアクセスするとコンテンツが得られる

コンポーネントからAPIにアクセスする

　では、作成したルートハンドラにコンポーネントからアクセスをしてみましょう。トップページのコンポーネントを書き換えて使うことにします。「app」フォルダーのpage.tsxを開き、以下のようにコードを修正してください。

リスト7-10

```
"use client"
import useSWR from 'swr'

const url = '/rh'
const fetcher = (...args) => fetch(...args)
  .then(res => res.json())

export default function Home() {
  const {data,error,isLoading} = useSWR(url, fetcher)
  return (
    <main>
      <h1 className="title">Index page</h1>
      <p className="msg font-bold">
        ※SWRでデータを取得します。</p>
      <p className="msg border p-2">
        {error ? 'ERROR!!' : isLoading ?
          'loading...' : data.content}
      </p>
    </main>
  )
}
```

図 7-9 トップページにアクセスすると、APIからコンテンツを取得し表示する

修正したら、トップページにアクセスをしてみてください。ページに「Hello, this is API content!」といったコンテンツが表示されるでしょう。これが、/rhにアクセスして取得したコンテンツです。

ここではuseSWRを使い、/rhからコンテンツをdataに取得しています。JSXでは、data.contentとして取得したJSONオブジェクトからcontentの値を取り出して表示しています。SWRの処理はこれまで何度も行ってきたので改めて説明は不要ですね。

ルートハンドラにより、「GETアクセスするとJSONでデータが返ってくる」というAPIが作成され、コンポーネントから使えるようになっているのがわかるでしょう。

⬡ IDを渡してアクセスする

基本的なAPIアクセスがわかったら、もう少し具体的な使い方を考えていきましょう。まずは、パラメーターの使い方です。

ルートハンドラの場合、クエリーパラメーターを利用するのがもっとも簡単でしょう。RequestにはurlというプロパティにアクセスしたURLのstring値が用意されています。これを利用してURLオブジェクトを作成し、searchParamsオブジェクトを取り出せば、クエリーパラメーターを利用できるようになります。

では、実際に簡単なサンプルを作成してみましょう。Appルーターのプロジェクト(sample_next_app)では、先にsample.jsonというJSONファイルを配置していましたね。これにfetchでアクセスしてデータを取得し、クエリーパラメーターで渡されたIDのデータを返すようなAPIを作ってみましょう。

先程の「rh」フォルダーに配置したroute.tsを開いてください。そして内容を以下のように書き換えましょう。

Chapter
1

Chapter
2

Chapter
3

Chapter
4

Chapter
5

Chapter
6

Chapter
7

Chapter
8

Addendum

リスト7-11

```
"use server"

const url = 'http://localhost:3000/sample.json'

export async function GET(request: Request) {
  // sample.jsonを取得
  const result = await fetch(url, {
    headers: {
      'Content-Type': 'application/json',
    },
  })
  const data = await result.json()

  // パラメーターを取得
  const { searchParams } = new URL(request.url)
  var id = +searchParams.get('id')
  id = id < 0 ? 0 : id >= data.data.length ? data.data.length - 1 : id
  // データ取得
  const item = data.data[id]

  return new Response(JSON.stringify(item), {
    status: 200,
    headers: { 'Content-Type': 'application/json' },
  })
}
```

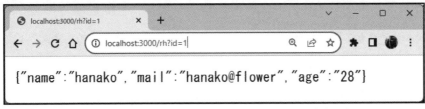

図7-10　/rh?id=1とアクセスすると、インデックスが1のデータを表示する

　修正できたら、実際に/rhにアクセスして動作を確認しましょう。ここでは、idというクエリーパラメーターを使ってIDの値を渡すようになっています。/rh?id=1とすれば、インデックス番号1のデータをsample.jsonのdata配列から取り出して表示します。実際にアクセスして表示を確認しましょう。

データ取得の流れ

では、ここで行っていることを整理しましょう。ここでは、まずfetch関数を使ってurlにアクセスを行っています。

```
const result = await fetch(url, {
  headers: {
    'Content-Type': 'application/json',
  },
})
const data = await result.json()
```

fetch関数は、もう何度も使いましたから働きはよくわかっていますね。awaitで結果を受け取り、そこから更にjsonでJSONオブジェクトをdataに取り出しています。後は、dataから必要なデータを取り出し利用すればいいのですね。

そのためには、アクセスの際に送られてきたクエリーパラメーターの値を取り出す必要があります。これには、まずURLオブジェクトを作成し、そこからsearchParamsを取り出します。

```
const { searchParams } = new URL(request.url)
```

これでsearchParamsが取り出されました。ここから、getメソッドを使ってidパラメーターの値を取り出します。

```
var id = +searchParams.get('id')
id = id < 0 ? 0 : id >= data.data.length ? data.data.length - 1 : id
```

searchParamsは、実はこれまでも何度か登場しています（利用の仕方が少し違いますが、オブジェクトとしては同じものです）。searchParamsは、getメソッドを使って特定のパラメーターの値を取り出せます。ここではget('id')としてidパラメーターの値を取り出し、それがゼロより小さかったり、data.dataのデータ数以上になっていたら値を調整しておきます。

後は、data内のdataからオブジェクトを取り出すだけです。

```
const item = data.data[id]
```

後は、JSON.stringifyでstring値に変換したものを引数にしてResponseオブジェクトを作成し、returnするだけです。

APIを使って指定IDのデータを表示する

では、修正した/rhのAPIを利用するサンプルを作成しましょう。今回もトップページの
コンポーネントを使います。「app」フォルダー内にあるpage.tsxを開き、以下のようにコー
ドを書き換えてください。

リスト7-12

```
"use client"
import { useState } from 'react'
import useSWR from 'swr'

const url = 'http://localhost:3000/rh?id='
const fetcher = (...args) => fetch(...args)
  .then(res => res.json())

export default function Home() {
  const [input,setInput] = useState(0)
  const {data,error,mutate,isLoading} = useSWR(url + input, fetcher)
  const doChange = (event)=> {
    const val = event.target.value
    setInput(val)
    mutate(url + val)
  }
  return (
    <main>
      <h1 className="title">Index page</h1>
      <p className="msg font-bold">
        ※SWRでデータを取得します。</p>
      <input type="number" min="0" max="2"
        className="input m-5"
        value={input} onChange={doChange} />
      <p className="msg border p-2">
        {error ? 'ERROR!!' : isLoading ?
          'loading...' : JSON.stringify(data)}
      </p>
    </main>
  )
}
```

図 7-11 フィールドの数字を変更すると、取得されるデータが変更される

トップページには、整数を入力するフィールドが追加されました。ここで値を変更すると、表示されるデータが変わります。ここでは、useSWRを使って指定のURLにアクセスをしてデータを取得しています。アクセス先は、'/rh?id=数字'というパスを指定しています。

データの取得はdoChange関数で行っています。これは<input>の値が変更されると実行されるイベント用関数で、以下のようにして入力した値を取得し、それを元にデータを更新しています。

```
const doChange = (event)=> {
  const val = event.target.value
  setInput(val)
  mutate(url + val)
}
```

関数の中で、mutate(url + val)というようにしてデータを更新していますね。mutateはSWRの関数で、SWRのアクセス先やコンテンツを更新するものでした。これを使い、url + valというパスに改めてアクセスを行って表示を更新させています。

パラメーターのための値の入力などがあるため少し複雑に見えますが、SWRでAPIにアクセスする基本は同じです。パラメーターの送り方さえわかれば、意外と簡単に必要なデータをやり取りできます。

ファイルアクセスと POST 送信

データを API に送る POST 送信についても行ってみましょう。Pages ルーターではファイルに追記するサンプルを作りました。ここでも同じようにファイルに追記をする API を作成し、コンポーネントからアクセスしてみます。

POST 送信の処理は、ルートハンドラに「POST」という名前の関数として用意します。これは、GET メソッドの名前が変わっただけのもので、引数も Request が渡されるだけですし、戻り値も Response を返します。同じファイル内に GET と POST を用意すれば、その両方のメソッドに対応する API が作成できるわけです。

では、実際に作成してみましょう。「rh」フォルダーの route.ts を開いて内容を以下に書き換えてください。

リスト7-13

```
"use server"
import fs from 'fs'

const path = './data.txt'

export async function GET(request: Request) {
  // ファイルを読み込む
  const content = fs.readFileSync(path, {flag:'a+'})
    .toString().trim()
  // 読み込んだコンテンツを返す
  return new Response(JSON.stringify({content:content}), {
    status: 200,
    headers: { 'Content-Type': 'application/json' },
  })
}

export async function POST(request: Request) {
  // ボディをJSONオブジェクトで取得
  const body = await request.json()
  // ファイルに追記
  fs.appendFileSync(path, body.content + "\n")
  // Responseを返す
  return new Response(
    JSON.stringify({ content:'ok' }),
    {
      status: 200,
      headers: { 'Content-Type': 'application/json' },
    })
}
```

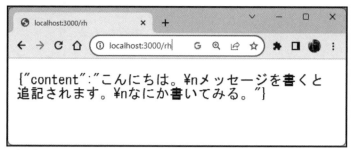

図 7-12 /rhにアクセスすると、data.txtのコンテンツが表示される

　修正したら、実際に/rhにアクセスしてみてください。data.txtファイルを読み込んで、そのテキストを表示します。これはGET関数しか動作チェックされませんが、とりあえずファイルにアクセスできていることはこれで確認できるでしょう。

コンポーネントからPOSTする

　では、APIを利用するようにコンポーネントを修正しましょう。「app」フォルダーのpage.tsxを開き、以下のように内容を書き換えてください。

リスト7-14

```
"use client"
import { useState } from 'react'
import useSWR from 'swr'

const url = 'http://localhost:3000/rh'
const fetcher = (...args) => fetch(...args)
  .then(res => res.json())

export default function Home() {
  const [input,setInput] = useState('')
  const {data,error,mutate,isLoading} = useSWR(url, fetcher)
  const doChange = (event)=> {
    const val = event.target.value
    setInput(val)
    mutate(url)
  }
  const doAction = ()=> {
    const opts = {
      method:'POST',
      body:JSON.stringify({content:input})
    }
    fetch(url,opts).then(resp=>{
      setInput('')
```

Chapter 1
Chapter 2
Chapter 3
Chapter 4
Chapter 5
Chapter 6
Chapter 7
Chapter 8
Addendum

```
      mutate(url)
    })
  }
  return (
    <main>
      <h1 className="title">Index page</h1>
      <p className="msg font-bold">
        ※SWRでデータを取得します。</p>
      <input type="text" className="input m-5"
        value={input} onChange={doChange} />
      <button onClick={doAction} className="btn">
        Click</button>
      <pre className="msg border p-2">
        {error ? 'ERROR!!' : isLoading ?
          'loading...' : data.content}
      </pre>
    </main>
  )
}
```

図 7-13　コンテンツをフィールドに書いてボタンを押すとファイルに追記される

　トップページにアクセスすると、フィールドの下にAPIから取得したdata.txtのテキスト
が表示されます。フィールドにテキストを書いてボタンをクリックすると、data.txtに追記
され、表示が更新されます。

　APIからのデータの取得は、これまでと同じくSWRを使って行っています。フィールド
のPOST送信は、doAction関数で行っています。

　doActionでは、まず送信時に使う設定情報をオブジェクトにまとめて用意しておきます。

```
const opts = {
  method:'POST',
  body:JSON.stringify({content:input})
}
```

　ここで、method:'POST'を用意することで、fetchでPOST送信するようになります。ま
たbodyには、送信するコンテンツをJSON.stringifyでstring値にしたものを指定しておき
ます。

　後は、これを引数にしてfetchを実行するだけです。

```
fetch(url,opts).then(resp=>{
  setInput('')
  mutate(url)
})
```

実行後は、setInputでフィールドを空にし、mutateでSWRを更新しておきます。これで表示が更新され、追記したテキストも表示されるようになります。

fetchでPOSTする場合は、method:'POST'を指定することと、bodyに送信するコンテンツを用意すること、この2点を忘れないようにしてください。

NEXT. フォーム送信にAPIを使う

APIの基本的な使い方はだいぶわかってきました。最後に、フォームの送信にAPIを利用するという手法も紹介しておきましょう。

Next.jsでは、フォームの送信はちょっと面倒です。一般的なフォーム送信のようなやり方はできないので、1つ1つのフィールドの値を取り出してまとめ、サーバーアクションなどで処理することになります。が、フォームのデータをまるごとAPIで処理できれば、そのほうが簡単ですね。

では、簡単な例として、フォーム送信された値をファイルに保存し、それを表示する簡単なサンプルを作ってみましょう。まず、APIを用意します。これは、また「rh」フォルダーのroute.tsに登場してもらいましょう。以下のようにコードを書き換えてください。

リスト7-15

```
"use server"
import fs from 'fs'

const path = './form.txt'

export async function GET(request: Request) {
  const content = fs.readFileSync(path, {flag:'a+'})
    .toString().trim()
  return new Response(JSON.stringify({content:content.toString()}), {
    status: 200,
    headers: { 'Content-Type': 'application/json' },
  })
}

export async function POST(request: Request) {
  const formData = await request.formData()
  const name = formData.get('name')
  const pass = formData.get('pass')
  const content = "NAME: " + name + "\n" +
    "PASS: " + pass
  fs.writeFileSync(path, content )
  return new Response({status:'ok'})
}
```

GETは、ファイルから読み込んだテキストを返す、これまでと同じものです。修正したのがPOST関数です。ここでは、まずRequestからフォーム情報を取り出しています。

```
const formData = await request.formData()
```

フォーム送信されたデータは、formDataというメソッドを使ってまるごと取り出せます。得られる値は、FormDataオブジェクトというものになっています。ここから「get」メソッドで個々の値を取り出します。

```
const name = formData.get('name')
const pass = formData.get('pass')
```

ここでは例としてnameとpassという2つの項目の値を取り出し、それをテキストにまとめてfs.writeFileSyncでファイルに書き出しています。送信されたフォームの扱い方は、これでわかりましたね。

ログインページを作る

では、このAPIを利用するサンプルを作りましょう。ここでは簡単なログインのページを作ることにします。

「app」フォルダー内に新しく「login」というフォルダーを作成してください。そしてこの中に「page.tsx」ファイルを作成します。このファイルの内容を以下のように記述しましょう。

リスト7-16
```
"use client"
import { useState } from 'react'
import useSWR from 'swr'

const url = 'http://localhost:3000/rh'
const fetcher = (...args) => fetch(...args)
  .then(res => res.json())

export default function Home() {
  const [name,setName] = useState('')
  const [pass,setPass] = useState('')
  const {data,error,mutate,isLoading} = useSWR(url, fetcher)
  const doName = (event)=> {
    const val = event.target.value
    setName(val)
  }
  const doPass = (event)=> {
```

```
        const val = event.target.value
        setPass(val)
    }
    async function login(formData: FormData) {
        fetch('/rh', {
            method: 'POST',
            body: formData
        }).then(response => {
            setName('')
            setPass('')
            mutate()
        })
        .catch(error => {
            console.log(error)
        });
    }
    return (
        <main>
            <h1 className="title">Login page</h1>
            <p className="msg font-bold">
                ※名前とパスワードを入力：</p>
            <form action={login}>
            <div><input type="text" className="input mx-5 my-1"
                name="name" value={name} onChange={doName} /></div>
            <div><input type="password" className="input mx-5 my-1"
                name="pass" value={pass} onChange={doPass} /></div>
            <div className="mx-3"><button className="btn my-1">
                Click</button></div>
            </form>
            <pre className="msg border p-2">
                {error ? 'ERROR!!' : isLoading ?
                    'loading...' : data.content}
            </pre>
        </main>
    )
}
```

図 7-14 /loginにアクセスし、名前とパスワードを書いてボタンを押すと、ファイルに保存される

　記述できたら、/loginにアクセスして動作を確認しましょう。2つのフィールドに名前とパスワードを記述して送信すると、下にそれらの内容が表示されます。これは、フォームをAPIにPOST送信してファイルに保存し、それをGETで読み込んで表示しているのですね。
　<form>を見ると、action={login}と指定されているのがわかります。このlogin関数で送信処理をしているのです。loginは、以下のように定義されています。

```
async function login(formData: FormData) {……
```

　引数には、FormDataオブジェクトが用意されています。<form>のactionからこの関数を呼び出すと、フォームの情報が自動的にFormDataオブジェクトとして引数に渡されるようになっているのです。

　後は、これをそのままbodyに設定してAPIにfetchするだけです。

```
fetch('/rh', {
  method: 'POST',
  body: formData
})
```

　これで、formDataはそのまま/rhにPOST送信されます。後は/rh側でFormDataを受け取って処理してくれます。フォームは、このようにFormDataを利用することで非常に簡単に処理できるようになっているのです。API利用のついでにフォームの使い方も覚えておきましょう。

OpenAI APIの利用

Webの世界では、さまざまなAPIが使われています。こうしたAPIをNext.jsから利用できれば、作れるプログラムの幅も広がります。ここではその例として、OpenAIが提供するAPIにNext.jsからアクセスしてみましょう。fetchを使ってHTTPアクセスする方法、そして専用パッケージを使った方法について説明をしていきます。

ポイント

▶ OpenAIのAPIにfetchでアクセスする方法を学びましょう。

▶ チャット機能とイメージ生成機能にfetchで
   アクセスしてみましょう。

▶ 専用パッケージを使って同じようにアクセス
   できるようになりましょう。

Section 8-1 OpenAI APIを準備する

NEXT. API利用とOpenAI NEXT.js

　Next.jsは、単体で利用することはもちろんできますが、他のサービスなどと連携することで更に強力な機能を実装していくことができます。

　先にAPIを利用してサーバーとやり取りする方法について説明をしましたね。このAPIは、自分で実装するだけではありません。Webベースでサービスを提供している企業は、多くの場合、APIとして各種の情報を提供しています。こうしたAPIをNext.js内から利用することで、外部のサービスを使ったユニークな機能が作成できるようになります。

　ここでは、その例として、OpenAIのAPIを利用する方法について説明をしましょう。

　OpenAIとは、生成AIサービス「ChatGPT」を提供している企業です。生成AIは、現在、もっとも注目されている技術といっていいでしょう。Webアプリを作成しているところの多くが、「自分のアプリに生成AIの機能を取り入れたい」と考えているはずです。

　OpenAIは、ChatGPTで使われているGPTという生成AIモデルを外部から利用するためのAPIを公開しています。これを利用することで、Next.jsアプリ内からOpenAIの機能を利用できるようになるのです。

　OpenAI APIは、必要に応じてクレジットを購入する形で利用します。数百〜数千回のAIモデルアクセスをしても数ドル程度ですから、とりあえず試してみる程度ならそれほど費用はかかりません。

　OpenAI APIは、以下のURLにアクセスして利用を開始できます。

```
https://openai.com/product
```

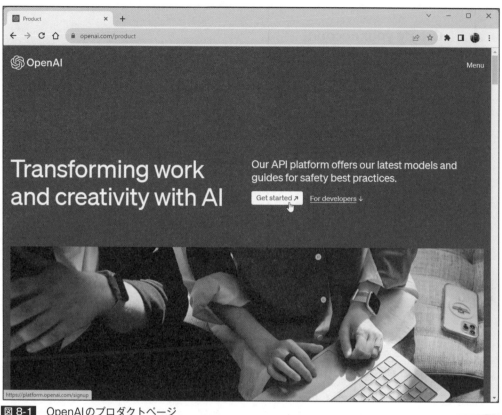

図 8-1 OpenAIのプロダクトページ

OpenAIのアカウント登録をする

OpenAI APIを利用するために、まず最初に行うのはアカウントの登録です。アカウント登録はメールアドレスで行うこともできますし、GoogleアカウントやMicrosoftアカウントなどを利用して登録することもできます。

アクセスしたWebページには、「Get started」というボタンが用意されています。これをクリックし、以下の手順に従ってアカウント登録を行いましょう。なお、Webベースで提供されているサービスであるため、表示などは変更される場合があります。

● 1. Create your account

アカウント登録の方式を選びます。「Email Address」にメールアドレスを入力して登録することもできますが、GoogleやMicrosoft、Appleのアカウントをそのまま利用して登録するのをおすすめします。これらのアカウントのボタンをクリックし、アカウントとの連携を行ってください。

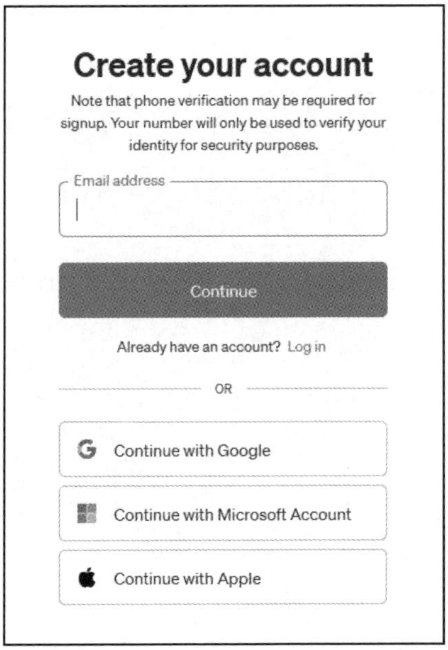

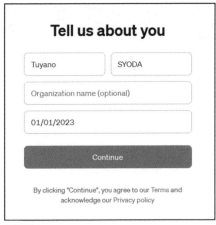

図 8-2 アカウントの登録。ソーシャルアカウントを使う場合はそのボタンをクリックする

●2. Tell us about you

ソーシャルアカウントの連携が行われると、登録するユーザーの情報を入力する画面が現れます。ここで名前と生年月日を入力します。所属する企業団体名はオプションなので記入しなくてもかまいません。

図 8-3 名前と生年月日を入力する

●3. Verify your phone number

携帯電話番号を使った本人確認画面が現れます。国名を選択し、携帯電話番号を入力して「Send code」ボタンを押してください。コード番号がショートメッセージとして送られてきます。

図 8-4 電話番号を入力し「Send code」ボタンを押す

●4. Enter code

入力した番号の携帯電話にメッセージが届きます。そこに書かれているコード番号を入力してください。正しい番号であれば本人確認が完了します。

図 8-5 送られてきたコード番号を入力する

OpenAIプラットフォームの利用

アカウント登録が行われると、「Welcome to the OpenAI developer platform」と表示されたWebページが現れます。これが、OpenAI APIのホームとなるところです。さまざまな情報へのリンクがまとめられています。

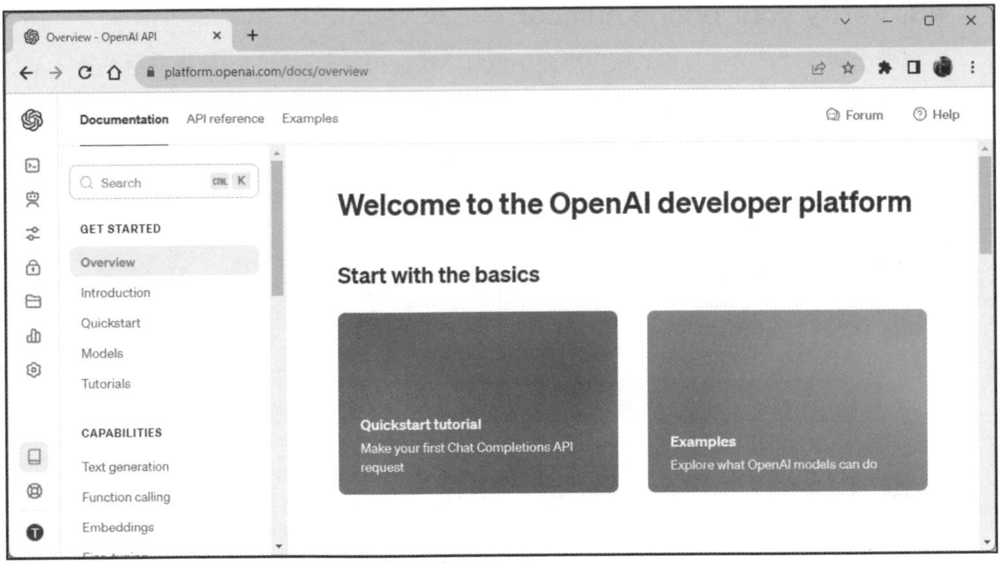

図 8-6 OpenAIプラットフォームの画面

APIキーの登録

　アカウント登録しログインしたら、何をすべきか？ 必ず行う必要があるのは、「APIキー」の登録です。

　APIは、プログラム内からアクセスして利用します。アクセス数に応じて料金が計算される従量制になっています。従って、利用する際は「これは誰のAPIにアクセスするのか」がわからないといけません。

　この「利用するアカウントの識別」のために用意されているのが、APIキーです。APIキーは48桁のランダムな英数字で、このAPIをアカウントに登録し、プログラムに設定することで、そのプログラムがどのアカウントのAPIにアクセスするかを識別しています。

　APIキーを作成するには、画面の左側に見えるアイコンバーにマウスポインタを移動し、現れたメニューから「API Keys」を選びます。

図 8-7 左側のアイコンバーから「API Keys」を選ぶ

　これで「API Keys」という画面に移動します。ここが、APIキーを管理するためのところになります。

　デフォルトでは、まだAPIキーはありませんが、ここで必要に応じてキーを作成したり、不要になったキーを削除したりできます。

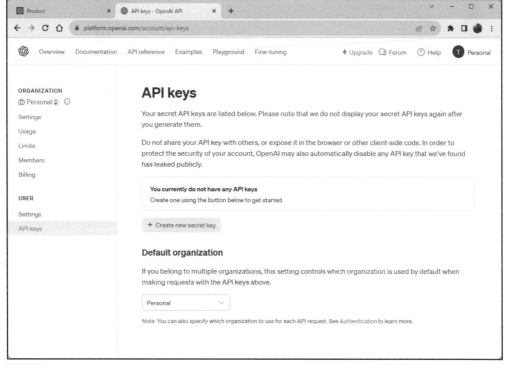

図 8-8 APIキーの管理画面

■APIキーを作成する

　では、APIキーを作成しましょう。画面にある「Create new secret key」というボタンをクリックしてください。画面にパネルが現れるので、キーに付ける名前を入力し、「Create secret key」ボタンをクリックします。

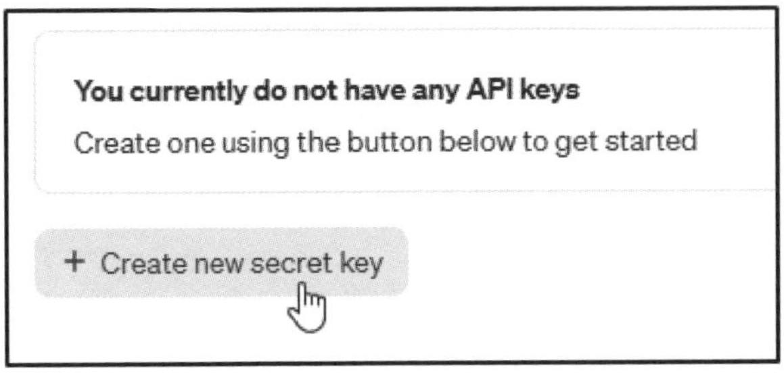

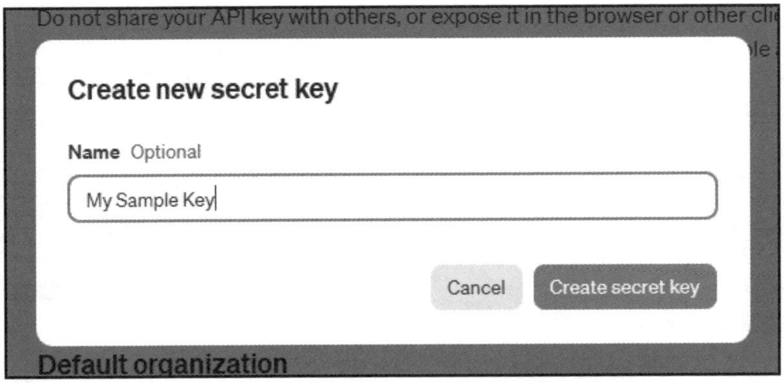

You currently do not have any API keys
Create one using the button below to get started

＋ Create new secret key

Create new secret key

Name Optional

My Sample Key

Cancel　Create secret key

Default organization

図 8-9 「Create new secret key」ボタンを押し、名前をつけてAPIキーを作成する

　パネルが現れ、作成されたAPIキーがフィールドに表示されます。フィールドの右側にあるボタンをクリックすると、作成されたAPIキーをコピーできます。

　このAPIキーは、必ずどこかに保管してください。このパネルを閉じると、もう二度とこのキーの値は表示できず、利用できなくなります。ここで必ず値を保管してください。これは絶対に忘れないように！

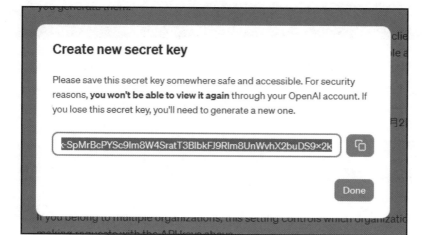

図 8-10 APIキーが表示されたら、必ずコピーして保管すること

　パネルを閉じると、作成されたAPIキーがテーブルにまとめて表示されます。この表示には、キーの一部しか表示されません。また右側のアイコンを使うと名前の編集は行えますが、キーそのものにはアクセスできません。できるのは、ゴミ箱アイコンをクリックしてキーを削除することだけです。

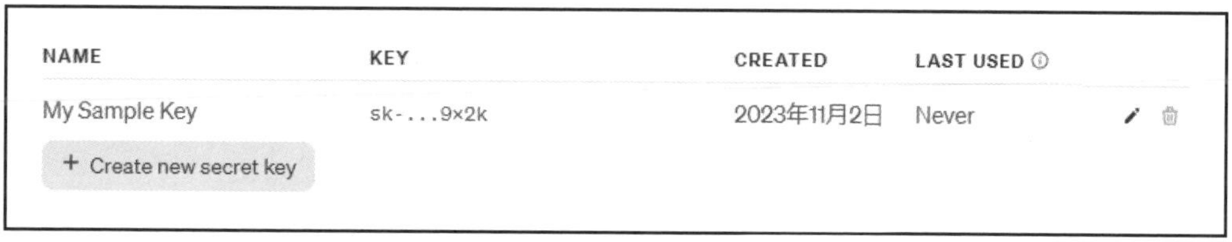

NAME	KEY	CREATED	LAST USED ⓘ		
My Sample Key	sk-...9×2k	2023年11月2日	Never	✎	🗑
+ Create new secret key					

図 8-11 作成されたAPIキーはテーブルにまとめて表示される

クレジットを購入する

2023年の11月より、APIは無償枠がなくなり、最初からクレジットを購入しないと使えなくなりました。クレジットの利用状況は、アイコンバーの「Usage」を選ぶと表示されます。ここで、どのぐらいクレジットが残っているか、また消費したかがわかります。

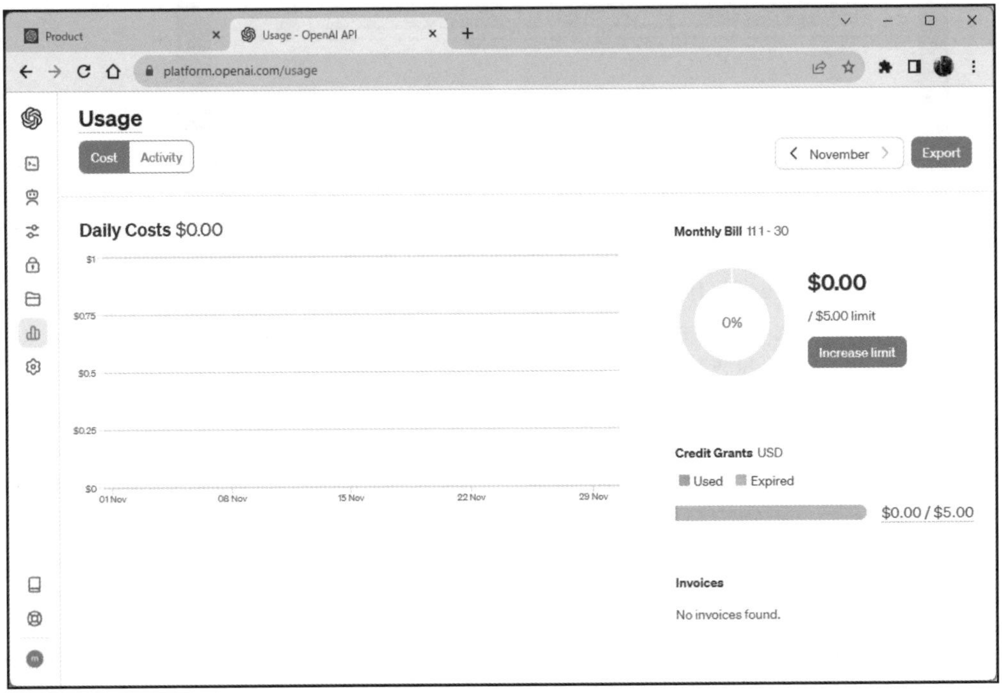

図 8-12 Usage で API の利用量がわかる

クレジットの購入は、左側のアイコンバーから「Settings」を選びます。これでアイコンバーの「Settings」内に更に項目が表示されるので、この中にある「Billing」を選択します。これで支払いの設定画面が現れます。

この画面にある「Add payment details」ボタンをクリックし、以下の手順でクレジットを購入します。

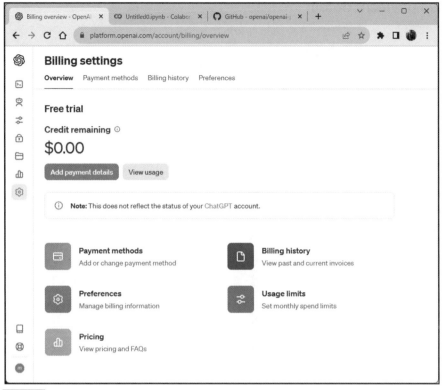

図 8-13 Billingの画面

● 1. What best describes you?

　最初に個人利用か企業利用かを選択します。個人の利用ならば「Individual」を選択しておきましょう。

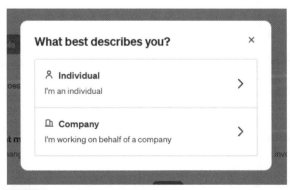

図 8-14 個人利用か企業利用かを選ぶ

● 2. Add payment detail

支払いに使うクレジットカードの情報と支払う人間の住所を入力します。すべて記入したら「Continue」ボタンで次に進みます。

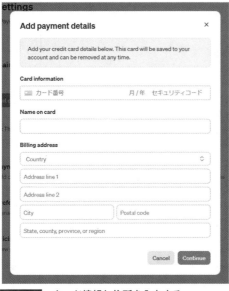

図 8-15　カード情報と住所を入力する

● 3. Configure payment

購入するクレジットの金額を入力します。デフォルトでは「10」となっており、これだけあれば当分APIを使えるでしょう。これで次に進んで10ドルのクレジットを購入しましょう。

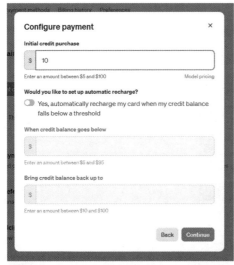

図 8-16　金額を入力してクレジットを購入する。)

Next.jsからチャット機能を利用する

Next.jsからAPIを利用する

では、APIを利用するプログラムを作成してみましょう。ここでは、Appルーターのプロジェクトを使います。「sample_next_app」をVisual Studio Codeで開いておいてください。ターミナルも「sample_next_app」内に移動しておきましょう。

さて、Next.jsからOpenAI APIを利用する方法はいくつかあります。おそらく、誰もが思い浮かべるのは「fetch関数でAPIに直接アクセスする」というものでしょう。

OpenAI APIでは、特定のURLでAIモデルの各種機能を公開しています。指定のURLにfetchでアクセスすれば、AIモデルにアクセスできるのです。ただし、そのためには必要な情報を正しい形式で用意し、渡す必要があります。

fetch関数では、第1引数にアクセスするURLを、そして第2引数にオプションの設定情報を用意することができました。この第2引数の値の準備が、OpenAI APIを利用する際のカギとなります。

この第2引数は、以下のような形で必要な値を用意します。

●fetchのオプション情報

```
{
  method: "POST",
  headers: {
    "Content-Type": "application/json",
    "Authorization": "Bearer " + 《APIキー》
  },
  body: ボディコンテンツ
}
```

アクセスには必ずPOSTメソッドを使います。GETは利用できません。またheaderには、Authorizationという値を用意します。これは認証のための値で、ここに「Bearer ○○」という形でAPIキーを指定します。この冒頭の「Bearer」は、OAuth 2.0のアクセストークンを示すもので、これを忘れるとAPIキーを正しく認識できないので注意してください。

ボディコンテンツについて

　問題は、bodyに用意するボディコンテンツです。これは、利用するAPIによって内容が変わります。

　ここでは、APIのチャット機能を利用する前提で値を用意しましょう。チャットは、複数のメッセージをやり取りしていく機能です。これを利用する場合、以下のような形でボディコンテンツを用意します。

●チャット利用時のボディコンテンツ

```
{
   "model": "gpt-3.5-turbo",
   "messages": [ メッセージ ]
}
```

　modelには、使用するAIモデル名を指定します。ここでは、"gpt-3.5-turbo"というモデルを指定しておきましょう。これは、2023年12月の時点でもっとも一般的に利用されているモデルでしょう。これより新しい"gpt-4"や"gpt-4-turbo"といったモデルもありますが、これらはコストも若干あがります。試しに使ってみるならgpt-3.5-turboで十分でしょう。

■メッセージの値

　messagesには、送信するメッセージを用意します。これは以下のようなオブジェクトを配列にまとめたものを用意します。

●メッセージの値

```
{
   "role": ロール ,
   "content": コンテンツ
}
```

　roleは、そのメッセージが誰によるものかを示す値です。これは以下の3つのいずれかを指定します。

system	システム設定のメッセージ
user	ユーザーのメッセージ
assistant	AIアシスタントのメッセージ

チャットは、ユーザーとAI（アシスタント）の間でのやり取りを行うものです。messages
には、それまでのやり取りを用意しておくことで、その続きの応答を行えるようになってい
ます。また、systemは、AI利用の前提となる設定などをメッセージとして用意しておくの
に使います。

これでボディコンテンツが用意できたら、それらを組み合わせてオプション情報のオブ
ジェクトを作成し、fetchします。後は取得したデータをJSONオブジェクトとして取り出し、
必要な値を受け取るだけです。

戻り値について

fetch関数では、APIからJSONフォーマットのテキストとして値が得られます。これは
jsonメソッドを使ってオブジェクトとして取り出し利用することになります。そのためには、
オブジェクトにどのような値が保管されているのか知らなければいけません。

OpenAIのチャット機能にアクセスしたときの戻り値は、以下のような形をしています。

●チャット機能の戻り値

```
{
  "id":"ID値",
  "object":"chat.completion",
  "created":タイムスタンプ,
  "model":"モデル名",
  "choices":[ 応答メッセージ ],
  "usage":{
    "prompt_tokens":プロンプトのトークン数,
    "completion_tokens":応答のトークン数,
    "total_tokens":全トークン数
  }
}
```

非常に多くの情報が詰め込まれていますが、「AIからの応答」を考えたとき、重要になる
のは「choices」の値だけです。ここにAIから送られてきた応答が配列にまとめられて返され
ます。

●メッセージの値

```
{
  "index":番号,
  "message":{
    "role":"assistant",
```

```
    "content":"コンテンツ"
  },
  "finish_reason":"停止の理由"
}
```

　応答メッセージは、この中の「message」というところにあります。ここに、メッセージの
ロールとコンテンツが保管されています。AIからの応答の場合、ロールは必ず"assistant"
となるでしょう。

　これで、送信してから値を受け取り、そこから応答のメッセージを取り出すための値のやり取りがわかりました。では、実際にfetchを使ってアクセスしてみましょう。

APIにアクセスするコンポーネント

　では、コンポーネントを作成しましょう。まず、表示に使うスタイルクラスを追記しておきます。global.cssに以下を追記しておいてください。

リスト8-1
```
.prompt {
  @apply text-lg mx-5 my-2 text-gray-900 p-2 border;
}
```

　続いて、コンポーネントの作成です。今回はトップページのコンポーネントを書き換えて使いましょう。「app」フォルダー内にあるpage.tsxを開き、その内容を以下に書き換えてください。なお、《APIキー》には、それぞれが作成したAPIキーの値を設定してください。

リスト8-2
```
"use client"
import { useState } from 'react'

const url = 'https://api.openai.com/v1/chat/completions'
const api_key = '《APIキー》'

export default function Home() {
  const [input,setInput] = useState('')
  const [prompt,setPrompt] = useState('')
  const [assistant,setAssistant] = useState('')

  const doChange = (event)=> {
    setInput(event.target.value)
```

```
}
const doAction = ()=> {
  setPrompt(input)
  setAssistant('wait...')
  const body_content = {
    "model": "gpt-3.5-turbo",
    "messages": [
      {
        "role": "system",
        "content": "日本語で100文字以内で答えてください。"
      },
      {
        "role": "user",
        "content": input
      }
    ]
  }
  const opts = {
    method: "POST",
    headers: {
      "Content-Type": "application/json",
      "Authorization": "Bearer " + api_key
    },
    body: JSON.stringify(body_content)
  }
  fetch(url, opts)
    .then(response => response.json())
    .then(json_data => {
      const result = json_data.choices[0]
        .message.content.trim();
      setInput('')
      setAssistant(result)
    }
  );
}

return (
  <main>
    <h1 className="title">Index page</h1>
    <p className="msg font-bold">
      プロンプトを入力：</p>
    <div className="mx-5">
      <input type="text" className="input"
        value={input} onChange={doChange}/>
      <button className="btn" onClick={doAction}>
```

```
            Send</button>
        </div>
        <div className="prompt">
        <p className="">PROMPT: {prompt}</p>
        <p className="">ASSISTANT: {assistant}</p>
        </div>
    </main>
  )
}
```

図 8-17 プロンプトを入力しボタンを押すと、OpenAI APIにアクセスし、応答を表示する

修正できたら、トップページにアクセスしてみましょう。ここではプロンプト（AIモデルに送信するメッセージ）を入力するフィールドと送信ボタンが用意されています。プロンプトを記入し、ボタンをクリックすると、APIにアクセスし、応答を表示します。なお、fetchでAPIに送信し、そこから応答を生成してまた返すため、応答が返ってくるまでけっこう時間がかかります。慌てずに待ちましょう。

ボディコンテンツの作成

では、どのようにOpenAI APIを利用しているのか見てみましょう。ここでは3つのステートを用意しています。input, prompt, assistantです。これらはそれぞれ「入力したテキスト」「送信するプロンプト」「受信した応答」を扱うためのものです。

ここでは、doAction関数でボタンクリック時の処理を作成しています。ここでは、まずボディコンテンツの値を以下のように作成しています。

```
const body_content = {
  "model": "gpt-3.5-turbo",
  "messages": [
    {
      "role": "system",
      "content": "日本語で100文字以内で答えてください。"
    },
    {
      "role": "user",
      "content": input
    }
  ]
}
```

messageには2つのメッセージを用意しています。1つ目はsystemロールのメッセージで、日本語で100文字以内で応答するように指定をしています。そして2つ目が、ユーザーの入力したメッセージになります。

送信用オプション情報の用意

ボディコンテンツができたら、これを使ってfetchのオプション情報のオブジェクトを作成します。これは以下のようになっています。

```
const opts = {
  method: "POST",
  headers: {
```

```
    "Content-Type": "application/json",
    "Authorization": "Bearer " + api_key
  },
  body: JSON.stringify(body_content)
}
```

　methodとheadersは、既に説明しましたね。bodyには、先ほど作成したbody_content
の値をテキストに変換して設定します。これで、fetch送信のための準備が整いました。

fetchでAPIから応答を取得する

　では、fetchを実行している部分を見てみましょう。ここではfetchを実行後、戻り値か
ら更にjsonメソッドを呼び出しています。

```
fetch(url, opts)
  .then(response => response.json())
  .then(json_data => {……
```

　第1引数にはアクセスするURLを指定しています。OpenAI APIのチャット機能は、以下
のURLで公開されています。

```
https://api.openai.com/v1/chat/completions
```

　このURLは、用意されている機能ごとに固定で割り当てられます。チャットを利用する
場合は、常にこのURLを使います。
　アクセス後のコールバック処理をthenに用意し、その中でjsonメソッドを呼び出した後
のコールバック処理を更にthenで用意しています。この2つ目のthenで、ようやくAPIか
ら返された値が引数として得られます。
　ここから、以下のようにして応答のメッセージを定数に取り出しています。

```
const result = json_data.choices[0].message.content.trim();
```

　choicesの最初の要素からmessageプロパティのcontentを取り出しています。最後の
trimは、コンテンツの前後にあるホワイトスペースを取り除くためのものです。
　これでコンテンツが得られました。得られる値の構造がわかっていないとうまく取り出せ
ないでしょう。fetchは、やり取りする値の構造が何よりも重要なのです。

コラム NEXT なぜ、SWRでOpenAI APIにアクセスしないの？ **Column**

　これまで、APIへのアクセスはSWRを利用してきました。なぜ、OpenAIのAPI
はSWRを使わず、直接fetchを呼び出しているのか、疑問に思った人もいるのでは
ないでしょうか。

　これは「速度と費用」のためです。OpenAIのAPIは、アクセスしたら瞬時に返って
くるわけではありません。応答が返ってくるまで、けっこう待たされます。SWRは、
何か更新されるとすぐにアクセスしますから、データの取得に時間のかかるものに
利用するのには不向きです。

　そしてそれ以上に重要なのが費用です。OpenAI APIはアクセス量に応じて課金さ
れますから、何かある度に頻繁にアクセスして表示を更新するSWRを使うと、あっ
という間に費用がかさんでしまいます。必要最小限のアクセスに抑えるために、敢
えてSWRを使っていないのです。

Chapter 1
Chapter 2
Chapter 3
Chapter 4
Chapter 5
Chapter 6
Chapter 7
Chapter 8
Addendum

313

Section 8-3 Next.jsから イメージ生成を行う

NEXT. DALL-Eによるイメージ生成 NEXT.

　OpenAIが提供する生成AIは、テキストの生成モデルだけではありません。「DALL-E」というイメージの生成モデルも用意されています。こちらについてもAPIが整備されており、外部からアクセスしてイメージを生成させることができます。

　このAPIも、基本的な使い方はテキストの生成AIの場合と同じです。指定のURLにPOST送信することでイメージ生成を実行させることができます。

▌イメージ生成APIのURL

　DALL-Eを使ったイメージ生成のAPIは、現在、以下のURLで公開されています。ここにPOSTアクセスすることでAPIを実行できます。

```
https://api.openai.com/v1/images/generations
```

　では、POST送信するデータではどのような情報をもたせる必要があるのでしょうか。これは、実はテキストの生成AIを利用したときと同じで以下のようなものを用意すればいいのです。

●イメージ生成AIのAPIに送るオプション情報

```
{
  method: "POST",
  headers: {
    "Content-Type": "application/json",
    "Authorization": "Bearer " + 《APIキー》
  },
  body: ボディコンテンツ
}
```

method: "POST"を指定し、headersにはContent-TypeとAuthorizationを用意しておきます。Authorizationには、"Bearer ○○"という形でAPIキーを指定します。

問題は、ボディコンテンツですね。イメージ生成AIを利用する場合、ボディコンテンツは以下のようになります。

●イメージ生成AI用のボディコンテンツ

```
{
    "model": モデル名,
    "prompt": プロンプト,
    "n": 整数,
    "size": 大きさ
}
```

modelは、使用するモデル名を指定します。これは、"dall-e-2"と"dall-e-3"が利用できます。省略すると"dall-e-2"が指定されるようです(2023年11月現在)。

promptに送信するプロンプトを指定するのは同じですね。「n」には、一度に生成するイメージ数を指定します。デフォルトは1になります。最大、10まで指定できます。

また、sizeの大きさは、サイズを示すstring値を指定します。利用可能な値は以下の3つです。

●大きさの値

```
"256x256", "512x512", "1024x1024"
```

これらを指定して呼び出せば、APIにアクセスすることができます。なお、大きさは3種類ありますが、生成するイメージが大きくなるほどコストもかかることを理解してください。

コラム NEXT "model"には注意! Column

イメージ生成のボディコンテンツでは、使用するモデルの指定に"model"という値を用意できるようになっていますが、実はこのmodelオプションは、2023年11月の時点でまだ機能していません。

OpenAIは2023年11月に大幅な機能更新を行っており、このmodelオプションもこれにより新たに追加された機能なのです。このため、本書執筆時点では(ドキュメントは更新されていますが)APIがまだ更新されていないようで、このmodelを追記して送信するとエラーになります。

おそらく皆さんが本書を利用する頃にはもう対応していると思いますが、万が一、送信してもエラーになるときは、modelオプションを削除して試してください。

イメージ生成AIの戻り値

では、イメージ生成AIから返される値はどのようになっているのでしょうか。これは、以下のようなオブジェクトがJSONフォーマットのテキストとして返されます。

●イメージ生成AIからの戻り値

```
{
  "created": タイムスタンプ,
  "data": [
    {
      "url": "https://oaidalleapiprodscus.blob.core.windows.net/private/↳……"
    },
    {
      "url": "https://oaidalleapiprodscus.blob.core.windows.net/private/↳……"
    },
    ……略……
  ]
}
```

生成されたイメージに関する情報は、「data」にまとめられます。これは配列になっており、その中に各イメージの情報をまとめたオブジェクトが保管されます。

このオブジェクトには、通常は「url」という値が用意されます。これは、生成されたイメージがアップロードされているURLの値です。このURLにアクセスすれば、生成されたイメージを得ることができます。

イメージデータを直接送信してもらうこともできます。これは、ボディコンテンツに以下の値を追加します。

```
response_format: "b64_json"
```

このようにすると、戻り値のdataに保管されるオブジェクトには、urlではなく「b64_json」という値が保管されるようになります。ここにBase64でエンコードされたイメージデータが設定されています。これを取り出してファイルに保存するなりして利用すればいいのですね。

イメージを生成するコンポーネント

では、実際にコンポーネントからイメージ生成AIを利用してみましょう。まず下準備として、イメージがない場合に表示するイメージを用意しておきます。

ここでは、サンプルとしてもっとも小さい256x256サイズのイメージを生成させます。最初に用意しておくイメージも、この大きさにしてください。そして「noimage.png」という名前で保存し、プロジェクトの「public」フォルダーにドラッグ＆ドロップして入れておきましょう。

図8-18 用意しておくイメージがない状態を示すイメージ

コンポーネントを作成する

続いて、コンポーネントを作成しましょう。今回もトップページのコンポーネントを修正して使います。「app」フォルダーのpage.tsxを開き、以下のようにコードを書き換えてください。

リスト8-3

```
"use client"
import { useState } from 'react'

const url = 'https://api.openai.com/v1/images/generations'
const api_key = '《APIキー》'
```

```
export default function Home() {
  const [input,setInput] = useState('')
  const [prompt,setPrompt] = useState('')
  const [src,setSrc] = useState('/noimage.png')

  const doChange = (event)=> {
    setInput(event.target.value)
  }
  const doAction = ()=> {
    const opts = {
      method: "POST",
      headers: {
        "Content-Type": "application/json",
        "Authorization": "Bearer " + api_key
      },
      body: JSON.stringify({
        "prompt": input,
        "n": 1,
        "size": "256x256"
      })
    }
    fetch(url, opts)
      .then(response => response.json())
      .then(data => {
        setPrompt(input)
        setInput('')
        setSrc(data.data[0].url);
      })
  }

  return (
    <main>
      <h1 className="title">Index page</h1>
      <p className="msg font-bold">
        プロンプトを入力: </p>
      <div className="mx-5">
        <input type="text" className="input"
          value={input} onChange={doChange}/>
        <button className="btn" onClick={doAction}>
          Send</button>
      </div>
      <div className="prompt">
      <div>PROMPT: {prompt}</div>
        <div>
          <a href={src} target="_blank">
```

```
          <img className="my-0" width="256" height="256" src={src} />
        </a>
      </div>
    </div>
  </main>
  )
}
```

図 8-19　プロンプトを書いて送信すると、イメージが生成され表示される

修正ができたら、実際にトップページにアクセスして動作を確認しましょう。フィールドにプロンプトを記入し、ボタンをクリックしてください。少し待っていると、その下に生成されたイメージが表示されます。

イメージはリンクになっており、クリックすると新しいタブでイメージが開かれます。イメージのダウンロードなどは、ここから保存して行いましょう。

図 8-20　イメージをクリックするとイメージだけが新しいタブで開かれる

NEXT 実行コードをチェックする

では、実行しているコードをチェックしましょう。このコンポーネントも、前回のテキスト生成AIを利用するコンポーネントとほとんど構造は同じです。まず、必要な値を管理するステートを以下のように用意します。

```
const [input,setInput] = useState('')
const [prompt,setPrompt] = useState('')
const [src,setSrc] = useState('/noimage.png')
```

inputはフィールドの入力、promptは送信するプロンプト、そしてsrcは<img>のsrc属性に設定する値をそれぞれ管理します。srcには初期値として'/noimage.png'と指定しておくことで、noimage.pngが<img>に表示されるようにしています。

fetchによる送信処理

肝心のAPIへのアクセスは、doAction関数で行っています。ここでは、まず以下のようにしてfetchで使うオプション情報のオブジェクトを作成しています。

```js
const opts = {
  method: "POST",
  headers: {
    "Content-Type": "application/json",
    "Authorization": "Bearer " + api_key
  },
  body: JSON.stringify({
    "prompt": input,
    "n": 1,
    "size": "256x256"
  })
}
```

methodとheadersはもうわかりますね。最大のポイントはbodyですが、ここにはprompt, n, sizeといった値をまとめたオブジェクトを用意し、JSON.stringifyでテキストにして設定しています。既にこの手法はおなじみですね。

後は、これを引数に指定してfetchを呼び出し、受け取った結果からイメージのURLを取り出してsrcステートに設定するだけです。

```js
fetch(url, opts)
  .then(response => response.json())
  .then(data => {
    setPrompt(input)
    setInput('')
    setSrc(data.data[0].url);
  })
```

fetchした結果からjsonメソッドを呼び出し、その結果からdata.data[0].urlという形で生成イメージのURLを取得しています。生成するイメージ数は1ですから、data.data[0]のurl値を取り出せばいいでしょう。複数のイメージを生成する場合は、繰り返しなどを使い、data.data[n]から順に値を取り出して処理しましょう。

Section 8-4　OpenAIパッケージの利用

NEXT OpenAIのNode.jsパッケージ　NEXT

　fetchを利用した方法は、やり取りするデータの構造さえきちんと押さえていれば、どのような環境からでも使うことができます。ただ、fetchを利用するのでコードも冗長になりがちですし、慣れない人にはかなりわかりにくいかも知れません。

　もっとシンプルにOpenAI APIを利用できるようにするため、OpenAI自身がNode.js用のパッケージを提供しています。これを利用することで、fetch関数を使うよりも簡単にOpenAI APIにアクセスできるようになります。ただし、このパッケージの機能はサーバー側でのみ動作するものであるため、クライアントコンポーネントでは使えません。この点、注意してください。

　では、プロジェクトにOpenAIパッケージをインストールしましょう。ターミナルでプロジェクトのフォルダーに移動してから以下のコマンドを実行してください。これで必要なパッケージがプロジェクトに組み込まれます。

```
npm install openai
```

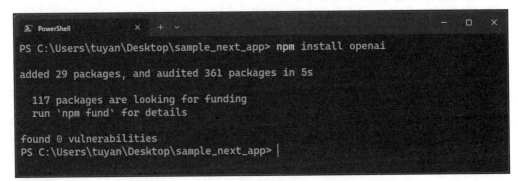

図 8-21　npm install コマンドでopenaiパッケージをインストールする

OpenAIオブジェクトでチャットを利用する

では、OpenAIのモジュールを利用してチャット機能を使う方法を説明しましょう。OpenAIモジュールを利用するには以下のようなimport文を用意します。

```
import OpenAI from "openai";
```

これで「OpenAI」というオブジェクトがインポートされます。OpenAI APIの利用は、すべてこのオブジェクトを使って行います。

OpenAIオブジェクトを利用するには、まずnewでオブジェクトを作成します。

●OpenAIオブジェクトの用意

```
変数 = new OpenAI({apiKey:《APIキー》});
```

引数には設定情報をまとめたオブジェクトを指定します。ここでは、必ず「apiKey」という値を用意してください。これに、取得してあるAPIキーをstring値で指定します。

チャット機能を呼び出す

オブジェクトが用意できたら、後はメソッドを呼び出してチャットを行うだけです。これは以下のように実行します。

●チャットの利用

```
openai.chat.completions.create({
    messages: メッセージ,
    model: モデル名,
  })
```

modelにはモデル名を指定します。ここでは"gpt-3.5-turbo"を指定しておきます。

messagesにはやり取りするメッセージの情報をまとめておきます。これは以下のような形になります。

```
[
  {
    role: ロール,
    content: コンテンツ
  },
  ……略……
]
```

先にfetchで送信したときのものと同じですね。roleとcontentの値を持つオブジェクトの配列を作成すればいいのですね。

戻り値の利用

このopenai.chat.completions.createメソッドは非同期で実行されます。このため、awaitをつけるか、更にthenメソッドを呼び出してコールバック関数を設定するなどして戻り値を受け取る必要があります。

戻り値（Responseオブジェクト）にはchoicesというプロパティがあり、ここに生成されたメッセージの配列が保管されています。各メッセージはオブジェクトになっており、「message」プロパティにメッセージが設定されています。ここから更にcontentの値を取り出せば、AIが生成したコンテンツを取り出すことができます。

整理すれば、以下のような形で取り出すわけです。

```
《Response》.choices[0].message.content
```

これで、メソッドを呼び出してから結果を受け取るまでの流れがだいたいわかりました。createメソッドを呼び出し、結果から値を取り出すだけです。fetchよりはかなり簡単に使えることがわかるでしょう。

NEXT OpenAI利用のAPIを作る

では、OpenAIパッケージを使った処理を作成してみましょう。まず、OpenAI APIにアクセスする処理を作ります。このパッケージはサーバー側でしか使えないため、まずOpenAIにアクセスするAPIを作ることにしましょう。

先に「rh」フォルダーにAPIのサンプルを作りましたね。あれを書き換えることにします。「rh」フォルダー内のroute.tsを開き、以下のように書き換えてください。なお、《APIKey》の部分は各自の取得したAPIキーに書き換えてください。

リスト8-4

```
"use server"
import OpenAI from "openai";

const api_key = '《APIKey》'
const openai = new OpenAI({apiKey: api_key});

export async function GET(request: Request) {
  return new Response(JSON.stringify({content:'nodata.'}), {
```

```
    status: 200,
    headers: { 'Content-Type': 'application/json' },
  })
}


export async function POST(request: Request) {
  const input = await request.json()
  const messages = [
    {
      role: "user",
      content: input.prompt
    }
  ]
  const resp = await openai.chat.completions.create({
    messages: messages,
    model: "gpt-3.5-turbo",
  })
  const message = resp.choices[0].message;
  const res = {content:message.content.trim()}
  return  new Response(JSON.stringify(res), {
    status: 200,
    headers: { 'Content-Type': 'application/json' },
  })
}
```

```
localhost:3000/rh            ×   +            ∨  —  □  ×
←  →  C  ⌂   ⓘ localhost:3000/rh     Q  ⇪  ☆   ✸  □  ●  ⋮

{"content":"nodata."}
```

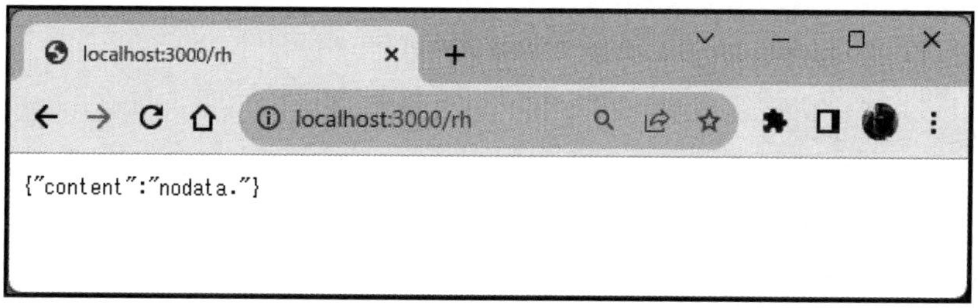

図 8-22 /rhにアクセスして動作しているか確認しておく

　ここではGETとPOSTの関数を用意してあります。GETは、ただ{content:'nodata.'}と
表示するだけのものですが、コードに間違いがなく動作している確認にはなるでしょう。

POST処理の流れ

POSTで行っているのがOpenAI APIへのアクセスです。では、処理の流れを見ていきましょう。まず、送信されたボディコンテンツをJSONオブジェクトとして取り出します。

```
const input = await request.json()
```

引数のRequestオブジェクトのjsonを呼び出すと、送られてきたJSONデータのボディコンテンツをオブジェクトとして取り出すことができます。この値を元にメッセージ情報を作成します。

```
const messages = [
  {
    role: "user",
    content: input.prompt
  }
]
```

roleには"user"を指定し、jsonで作成したinputオブジェクトからpromptの値をcontentに指定しています。ということは、APIにアクセスする側でpromptという値でプロンプトを渡せばいい、ということですね。

後は、createメソッドを呼び出すだけです。

```
const resp = await openai.chat.completions.create({
  messages: messages,
  model: "gpt-3.5-turbo",
})
```

これでResponseが変数respに得られます。ここから応答のテキストを取り出します。

```
const message = resp.choices[0].message;
const res = {content:message.content.trim()}
```

messageのcontentは、更にtrimを呼び出してホワイトスペースを取り除いておきます。これをレスポンスのボディに設定してResponseを作成して返します。

```
return new Response(JSON.stringify(res), {
  status: 200,
  headers: { 'Content-Type': 'application/json' },
})
```

これで、APIにアクセスして応答を受け取り、それをResponseで返す、という一連の処理ができました。後は、このAPIをコンポーネントから呼び出すだけです。

APIにアクセスするコンポーネントを作成する

では、作成したAPIをコンポーネントから利用しましょう。今回もトップページを修正します。「app」フォルダー内にあるpage.tsxを開いて以下のように修正してください。

リスト8-5

```
"use client"
import { useState } from 'react'

export default function Home() {
  const [input,setInput] = useState('')
  const [prompt,setPrompt] = useState('')
  const [assistant,setAssistant] = useState('')

  const doChange = (event)=> {
    setInput(event.target.value)
  }

  async function doAction() {
    setAssistant('wait...')
    fetch('/rh', {
      method: 'POST',
      body: JSON.stringify({prompt:input})
    })
      .then(resp => resp.json())
      .then((value)=> {
        setPrompt(input)
        setInput('')
        setAssistant(value.content)
      })
      .catch(error => {
        console.log(error)
      });
  }

  return (
    <main>
      <h1 className="title">Index page</h1>
      <p className="msg font-bold">
```

```
      プロンプトを入力：</p>
      <div className="m-5">
        <input type="text" className="input" name="input"
          onChange={doChange} value={input} />
        <button className="btn" onClick={doAction}>Send</button>
      </div>
    <div className="prompt">
    <p className="">PROMPT: {prompt}</p>
    <p className="">ASSISTANT: {assistant}</p>
    </div>
  </main>
 )
}
```

図 8-23 プロンプトを書いて送信すると応答が表示される

　完成したらトップページにアクセスし、プロンプトを書いて送信してみましょう。OpenAIにアクセスして応答が表示されます。

　コードを見ればわかりますが、ここではfetchで/rhにアクセスして結果を受け取っています。「OpenAIパッケージを使えばfetchより簡単になる」といったのに、結局fetchを使うのか、と思った人もいることでしょう。

　しかし、このfetchは、/rhにアクセスするためのものです。これは独自に定義したAPIですから、自分が作成するどのコンポーネントからも自由にアクセスし、OpenAIの機能を使えるようになります。「OpenAIの機能を自由に利用できるようになる」ということを考え

たなら、「OpenAI APIにアクセスする独自API」を定義しておくのは非常に良い方法でしょう。

イメージ生成APIを利用する

　基本的なやり方がわかったら、イメージ生成も使ってみましょう。イメージの生成も OpenAIオブジェクトにメソッドとして用意されています。これは2023年11月の時点で、旧方式と新方式が混在しています。

●イメージを生成する(旧)

```
openai.images.generate(オプション)
```

●イメージを生成する(新)

```
openai.createImage(オプション)
```

　引数には、送信するオプション情報のオブジェクトを用意します。これは以下のような形で作成します。

●引数のオプション情報

```
{
  model: モデル名,
  prompt: プロンプト,
  n: 枚数,
  size: サイズ
}
```

　用意する値は、先にfetchでイメージ生成を行ったときに使ったものですから内容はわかりますね。このメソッドも非同期なので、awaitするか、thenでコールバック関数を用意して結果を受け取ります。

　受け取る値はfetchでイメージ生成にアクセスしたときと同じで、dataプロパティに配列として情報が保管されています。この配列にあるオブジェクトからurlプロパティを取り出せば、生成されたイメージのURLが得られます。

Chapter
1

Chapter
2

Chapter
3

Chapter
4

Chapter
5

Chapter
6

Chapter
7

Chapter
8

Addendum

> ### コラム NEXT. イメージ生成の旧メソッドと新メソッドについて　　**Column**
>
> 　OpenAIは2023年11月に大幅な機能変更をしましたが、イメージ生成のライブラリもその影響を受けています。それまでイメージ生成はopenai.images.generateメソッドを利用していましたが、新たにopenai.createImageというメソッドが追加されました。今後はこちらを使うようです。
>
> 　ただし、このメソッドは本書執筆時点でまだ動作しません。このため、ここではopenai.images.generateを使ったコードを掲載しておきます。どちらのメソッドも、呼び出す際のオプションや戻り値は同じですので、実際にメソッドが追加された際はopenai.images.generateをopenai.createImageに書き換えるだけで動作するようになるはずです。

イメージ生成APIを用意する

　では、これも使ってみましょう。先ほどの「rh」フォルダーにあるroute.tsを開き、POST関数を以下のように書き換えてください。

リスト8-6

```
export async function POST(request: Request) {
  const input = await request.json()
  const opts = {
    prompt: input.prompt,
    n: 1,
    size: '256x256'
  }
  const image = await openai.images.generate(opts)
  const url = image.data[0].url
  return new Response(JSON.stringify({url:url}), {
    status: 200,
    headers: { 'Content-Type': 'application/json' },
  })
}
```

　これでイメージ生成のAPIにアクセスする処理ができました。今回は、チャットよりも更に簡単です。

　まず、Requestのjsonメソッドでボディコンテンツを取り出し、そのpromptの値を使ってオプション情報のオブジェクトを作成しておきます。

```
const input = await request.json()
const opts = {
  prompt: input.prompt,
  n: 1,
  size: '256x256'
}
```

　これでオプションのオブジェクトができました。これを引数にしてopenai.imagesのgenerateメソッドを呼び出します。

```
const image = await openai.images.generate(opts)
```

　非同期なのでawaitして結果を受け取るようにしました。受け取ったオブジェクトからイメージのURLを変数に取り出します。

```
const url = image.data[0].url
```

　後は、これを返送するResponseオブジェクトを作ってreturnするだけです。

```
return new Response(JSON.stringify({url:url}), {
  status: 200,
  headers: { 'Content-Type': 'application/json' },
})
```

　これで生成イメージのURLが呼び出し元に返されました。後は、このAPIにアクセスするコンポーネントを用意するだけですね。

■コンポーネントを作成する

　今回も、トップページのコンポーネントを書き換えましょう。「app」フォルダーのpage.tsxを開いて内容を以下に変更してください。

リスト8-7
```
"use client"
import { useState } from 'react'

export default function Home() {
  const [input,setInput] = useState('')
  const [prompt,setPrompt] = useState('')
  const [src,setSrc] = useState('/noimage.png')
```

```
const doChange = (event)=> {
  setInput(event.target.value)
}


async function doAction() {
  setPrompt('wait...')
  fetch('/rh', {
    method: 'POST',
    body: JSON.stringify({prompt:input})
  })
    .then(resp => resp.json())
    .then((value)=> {
      setPrompt(input)
      setInput('')
      setSrc(value.url)
    })
    .catch(error => {
      console.log(error)
    });
}


return (
  <main>
    <h1 className="title">Index page</h1>
    <p className="msg font-bold">
      プロンプトを入力：</p>
    <div className="mx-5">
      <input type="text" className="input"
        value={input} onChange={doChange}/>
      <button className="btn" onClick={doAction}>
        Send</button>
    </div>
    <div className="prompt">
    <div>PROMPT: {prompt}</div>
      <div>
        <a href={src} target="_blank">
          <img className="my-0" width="256" height="256" src={src} />
        </a>
      </div>
    </div>
  </main>
)
}
```

図8-24 プロンプトを送信するとイメージを生成して表示する

Chapter
1

Chapter
2

Chapter
3

Chapter
4

Chapter
5

Chapter
6

Chapter
7

Chapter
8

Addendum

　修正できたらトップページにアクセスし、プロンプトを書いて送信してみましょう。しばらく待つと、生成されたイメージが下に表示されます。fetch使い/rhにアクセスし、受け取った結果からurlの値をsetSrcで<img>のsrc属性に設定しています。fetchを使うのはちょっと面倒ですが、使い方はこれまでとほとんど同じですからすぐに理解できるでしょう。

RESTはNext.jsと相性がいい

　以上、OpenAIをNext.jsから利用する方法について一通り説明をしました。

　専用のパッケージを使った方法は、けっこう簡単にOpenAIの機能を使えるようになるため、とても便利です。ただしサーバー側でしか使えないため、「クライアント側からどう利用するか」も合わせて考える必要があります。今回のようにOpenAIにアクセスするAPIを作って利用するか、あるいはサーバーアクションを利用してアクセスすることになるでしょう。

　fetchを使ってアクセスする方法は、クライアントからそのままOpenAIにアクセスできるため、さまざまなコンポーネントから利用することができます。この方法は、OpenAIが特定のURLでAPIを公開しているために可能となっています。

RESTについて

　こうした「特定URLにアクセスするだけで利用できるAPI」というのは、思った以上にさまざまなところで使われています。こうしたものは、「REST（Representational State Transfer）」と呼ばれるアーキテクチャーを利用しているのが一般的です。RESTは、リソースに対して基本的なCRUD（Create, Read, Update, Deleteの略。データアクセスの基本操作）をHTTPメソッドで表現しており、HTTPアクセスができればどんな環境からでもデータアクセスが可能となります。

　Next.jsのfetch関数はクライアント／サーバーのどちらからでも利用できるように設計されており、RESTで提供されるAPIであればすべて同じようなやり方でアクセスすることができます。fetchによるアクセス方法の基本がわかれば、さまざまなREST APIを使えるようになるでしょう。Next.jsは、REST APIと非常に相性がいいのです。

　ここではOpenAI APIを利用しましたが、APIへのアクセス法がだいたいわかってきたら、それ以外のREST APIにも挑戦してみてください。プログラムの幅がぐっと広がることは間違いないでしょう。

Addendum

TypeScript超入門

TypeScriptは、JavaScriptを強化したものです。ですから、JavaScriptがある程度わかればすぐに使えるようになります。というわけで、多少JavaScriptをかじったことのある人に向けて、即席でTypeScriptを使えるようにする超入門を用意しました。これでTypeScriptは完璧！ では全然ありませんが、少なくとも本書を読むに足りるぐらいの知識は身につきますよ。

> **ポイント**
> ▶ 値、変数、構文でJavaScriptにない機能を確認しましょう。
> ▶ さまざまな関数の使い方をマスターしましょう。
> ▶ クラスを使ったオブジェクトの利用が
> できるようになりましょう。

NEXT. Addendum TypeScript超入門

Section A-1 値・変数・構文

NEXT. TypeScriptはプレイグラウンドで！　NEXT.

　皆さんの中には、「TypeScriptなんて言語、使ったことない」という人も多いことでしょう。こうした人のために、ここで簡単にTypeScriptの説明を行っておきましょう。

　TypeScriptは、JavaScriptを強化したものです。従って、基本的な文法などはJavaScriptとそれほど違いません。JavaScriptをある程度わかっているなら、もうそれだけでTypeScriptの半分以上は理解できている、といっていいでしょう。後は、実際に簡単なコードを動かしながら使い方を覚えていけばいいだけです。

　JavaScriptの場合、Webページなどを作ってその中で動かさないといけませんが、TypeScriptでは非常に便利なツールがあります。「TypeScriptプレイグラウンド」というもので、Webブラウザでアクセスするだけで、その場でTypeScriptを書いて実行できるのです。このWebサイトを利用してTypeScriptの使い方を学んでいきましょう。

　TypeScriptプレイグラウンドは以下のURLで公開されています。まずはWebブラウザでここにアクセスしてください。

https://www.typescriptlang.org/ja/play

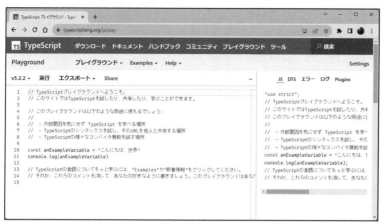

図 A-1 TypeScript プレイグラウンドの画面

Chapter 1
Chapter 2
Chapter 3
Chapter 4
Chapter 5
Chapter 6
Chapter 7
Chapter 8
Addendum

値・変数・演算

まずは、TypeScript の「値」についてです。TypeScript の値は、JavaScript と同じく 3 つの基本的なタイプがあります。以下のものですね。

数値（number）	数の値。TypeScriptでは、数の値はすべてnumberという種類の値として扱われる。
テキスト（string）	テキストを扱うための値。
真偽値（boolean）	「真か偽か」という二者択一の状態を示すための値。

基本のタイプは同じですが、TypeScript ではこれらのタイプが非常に明確に指定される、という点が違います。

多くの値は、リテラルとしてだけでなく、変数や定数に代入して使われます。TypeScript も変数や定数の使い方は基本的に同じです。

●変数の代入

```
var 変数 = 値
let 変数 = 値
```

●定数の代入

```
const 定数 = 値
```

　JavaScriptをあまりきちんと使っていない場合、varとletの違いがよくわからないかも知れませんね。varは、プログラム全体や、宣言された関数内ならどこでも利用できます。letは、それが宣言された構文内でのみ利用可能です。

　変数・定数の使い方は同じですが、非常に重要な違いが一つあります。TypeScriptでは、変数に値を代入すると、その変数にはタイプ(型)が設定され、それ以外のタイプの値は代入できなくなります。

●JavaScriptの場合

```
○ var x = 1;
○ x = "ok";
```

●TypeScriptの場合

```
○ var x = 1
x x = "ok"
```

　TypeScriptは、タイプを非常に厳格に設定します。JavaScriptでは、「この変数に入っている値のタイプは?」といったことはあまり意識していなかったでしょう。しかしTypeScriptでは、常に「変数のタイプ」を意識してコーディングすることになります。

┃タイプを指定して変数宣言

　変数のタイプをより明確にするため、TypeScriptでは変数・定数の宣言を行うとき、タイプを指定できるようになっています。これは「型アノテーション」と呼ばれるもので、以下のように記述します。

●変数の代入

```
var 変数:タイプ = 値
let 変数:タイプ = 値
```

```
例) var x:number = 100          let s:string = "Hello"
```

●定数の代入

```
const 定数:タイプ = 値
```

```
例) const z:number = 12345
```

　このように変数の後に「:タイプ」と記述することで、タイプを明確に指定できます。また変数の場合は、宣言だけしておいて値の代入は後で行うこともよくありますが、こうした場合もタイプを指定しておけば誤った値を代入してしまうこともありません。

タイプの指定がない「any」型　Column

　TypeScriptでは、変数には必ず明確にタイプが指定されます。では、JavaScriptのようにどんな型の値でも保管できる変数というのはないのでしょうか。

　実は、あります。それは「any」型というものです。any型は特殊な型で、どんな型の値でも代入することができます。ただし、どんな値でも入れられるということは、TypeScriptの型管理がほとんど使えなくなるということです。anyは便利ですが、極力使わないようにしましょう。

値の演算

　値は、さまざまな形で演算されます。演算関係は、JavaScriptと基本的には同じです。四則演算、テキストの結合など、JavaScriptで覚えたものはすべてそのまま使うことができます。

　また比較演算(<>=などによる値の比較)や論理演算(&&や||による論理和・論理積など)も全く同じです。

配列

　配列も基本的にはJavaScriptと同じです。基本的な使い方を以下にまとめておきましょう。

●配列の値

```
［値1，値2，……］
```

●要素の指定

```
配列［ 番号 ］
```

　では、配列の値の「タイプ」はどのように指定すればいいのでしょうか。これは「タイプ[]」という形で指定します。例えば、数値を入れる配列xを作りたければ、こんな形で宣言をしておきます。

```
var x:number[]
```

　これで、number型の値だけが保管できる配列が作成できます。配列あたりになると「よく覚えてない」という人も出てくるかも知れないので、簡単なサンプルを挙げておきましょう。

リストA-1

```
var x:number[] = []
x[0] = 100
x[1] = 200
x[2] = 300
x[5] = x[0] + x[1] + x[2]

console.log(x)
```

Chapter
1

Chapter
2

Chapter
3

Chapter
4

Chapter
5

Chapter
6

Chapter
7

Chapter
8

Addendum

Playground		プレイグラウンド ▾	Examples ▾	Help ▾			Settings

v5.2.2 ▾　実行　エクスポート ▾　Share　　　⇥　　　　JS　DTS　エラー　**ログ**　Plugins

```
1  var x:number[] = []
2  x[0] = 100
3  x[1] = 200
4  x[2] = 300
5  x[5] = x[0] + x[1] + x[2]
6  console.log(x)
7
```

[LOG]: [100, 200, 300, , , 600]

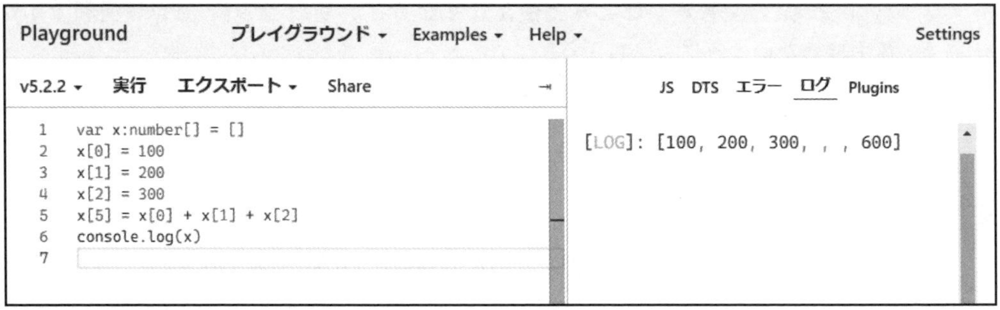

図 A-2　実行すると、ログに結果が出力される

　TypeScriptプレイグラウンドのエディタにコードを記述し、「実行」をクリックしてください。その場でコードを実行し、結果を右側の「ログ」というところに出力します。[100, 200, 300, , , 600]といった値が表示されるのが確認できるでしょう。配列に値を代入したり、必要な値を取り出して利用する基本がわかるでしょう。

　なお、「console.log」というのはコンソールにログとして値を出力するものです。これを使うと、変数xの値を簡単に出力し内容を確認できます。

■配列の定数

　定数として使う配列を用意したい、としましょう。その場合、おそらく誰もが思い浮かべるのはこんな文でしょう。

```
const x:number[] = [1, 2, 3]
```

　constを使えば、値の書き換えができなくなります。これで安心！　では、実はありません。constは、代入された値を変更できなくするものです。const xであれば、xに代入されている配列を別の配列に変更できなくなります。

　ところが、これは配列の中身までは見ないのです。ですから、constで宣言された配列の定数であっても、中身(保管されている値)は自由に書き換えできてしまいます。

　もし、「中身も完全に書き換え不能にしたい」というときは、「readonly」というキーワードを使います。例えば、上の例ならば、このようにするのです。

```
const x:readonly number[] = [1, 2, 3]
```

　こうすると、配列xの中身を変更することができなくなり、完全に定数の配列とすることができます。

タプルについて

　タプルは、JavaScriptにはなかった値です。これは、「複数の異なる型の値をまとめて扱うためのもの」です。
　例えば、住所録のデータを管理しようと考えたとしましょう。名前、メールアドレス、年齢などが思い浮かびますね。この内、名前やメールアドレスはテキストですが、年齢は数字です。ということは、これらは配列にまとめることができません。
　こんなときに使われるのが「タプル」です。タプルは、複数の型の値を配列のように1つにまとめるものです。これは以下のように宣言します。

●タプルの宣言

変数：[型1, 型2, ……]

　これで、異なる型の値を持つタプル型の変数が用意されます。後は、指定した型の通りに値を[]でまとめて代入すればいいのです。型定義の形から想像がつくように、これは配列を拡張したものです。[]の配列を示す型指定に、保管する個々の値の型を指定しているのですね。
　では、タプルがどのように利用されるか、簡単な利用例をあげておきましょう。

リストA-2
```
const arr:[string,string,number][] = []

arr[0] = ['taro','yamada',39]
arr[1] = ['hanako','tanaka',28]
arr[2] = ['sachiko','sato',17]

for(let item of arr) {
  console.log(item)
}
```

Chapter 1
Chapter 2
Chapter 3
Chapter 4
Chapter 5
Chapter 6
Chapter 7
Chapter 8
Addendum

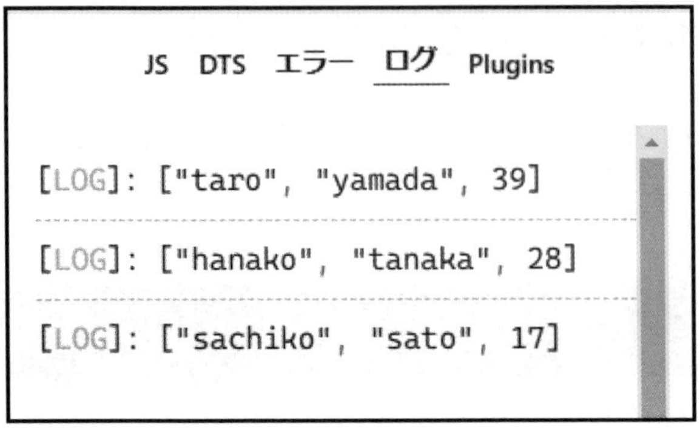

図 A-3 タブル型の配列を作成し、値を順に出力する

　ここでは、arr:[string,string,number][] というように変数の宣言をしています。[string,string,number] というタブル型の配列を示していることがわかるでしょう。この配列 arr に、[string,string,number] とは異なる値を代入してみてください。例えば3つの値が全て string だったり、4つの値があったりするものですね。するとエラーになってコードが実行できないことがわかります。指定したのとすべて同じ型の値を用意しなければエラーになるのです。

列挙型について

　タブルと並び、TypeScriptで追加された重要な値が「列挙型」です。これは複数の値から1つを選ぶようなときに用いられるものです。

　列挙型は、あらかじめ用意した値しか使えないものです。これは、まず「enum」というものを使って enum の型を定義しておきます。

●列挙型の宣言

```
enum 型名 { 項目1, 項目2, ……}
```

　こうして型を定義したら、後はその型を変数に指定して利用すればいいのです。では、これも実際の利用例をあげましょう。

リストA-3

```
enum color {white,black,red,green,blue}

const arr:color[] = []

arr[0] = color.red
arr[1] = color.green
```

```
arr[2] = color.blue

for(let item of arr) {
  console.log(item + ':' + color[item])
}
```

```
      JS  DTS  エラー  ログ  Plugins


[LOG]: "2:red"

[LOG]: "3:green"

[LOG]: "4:blue"
```

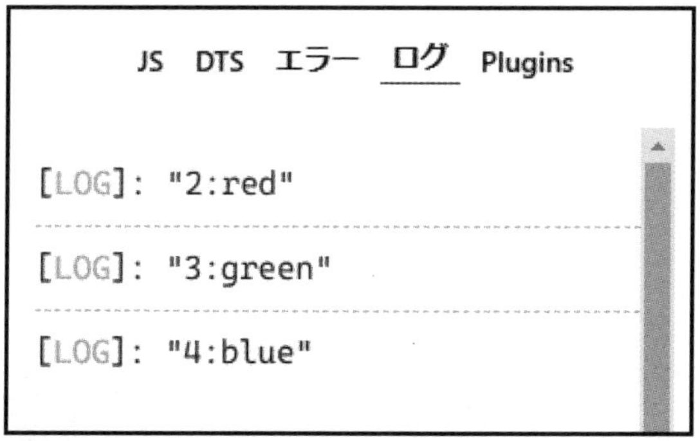

図 A-4 実行するとarr内の値が出力される

　実行すると、配列arrに保管されているcolorの値を出力します。ここでは、arr[0] = color.redというようにしてcolorの値を配列に代入しています。列挙型は、このように「型.値」というように型名と値をドットでつなげて記述をします。

　これでarrにcolor値が保管されますが、これをfor ofで取り出して表示しているところを見ると、item + ':' + color[item] という値を出力していますね。for ofは、配列から値を取り出します。従って、この例ならばitemに取り出したcolor値が入っているはずです。ところが実際に実行してみると、このitemには0, 1, 2といったインデックスが保管されています。そしてcolor[item] というようにcolor型からitemの値を取り出すと、redといった値が取り出されるのです。

　enumの値というのは、定義した型のインデックスが入っていたのですね。arr[0] = color.redとすると、color配列にredが入っているインデックスが代入されている、と考えると良いでしょう。

Chapter 1
Chapter 2
Chapter 3
Chapter 4
Chapter 5
Chapter 6
Chapter 7
Chapter 8
Addendum

NEXT 制御構文

制御構文についてもまとめておきましょう。JavaScriptには、いくつかの分岐と繰り返しの構文が用意されていました。それらはTypeScriptでも同じように使えます。

●条件分岐

```
if ( 条件 ) {
    条件成立時の処理
} else {
    不成立時の処理
}
```

●多項分岐

```
switch ( 対象 ) {
    case 値1:
        値1のときの処理
        break
    case 値2:
        値2のときの処理
        break

……必要なだけcaseを用意……

    default:
    どれにも一致しないときの処理
}
```

●while文(1)

```
while ( 条件 ) {
    繰り返す処理
}
```

●while文(2)

```
do {
    繰り返す処理
} while ( 条件 )
```

●for文

```
for ( 初期化 ; 条件 ; 後処理 ) {
```

```
    繰り返す処理
}
```

●配列のfor文

```
for ( let 変数 in 値 ) {
    繰り返す処理
}

for ( let 変数 of 値 ) {
    繰り返す処理
}
```

すべて表示すると、結構たくさんの構文が用意されていることに気づくでしょう。特に繰り返し関係はwhileとforでそれぞれ複数ずつあります。

2つの「配列のfor」

あまりJavaScriptを使っていない人は「配列のfor」というのがよくわからないかも知れません。これは、配列から順に値を取り出して処理していくものです。よく見ると、「in」を使ったものと「of」を使ったものがありますね。この2つの違いは、処理するのが「オブジェクトか、配列か」の違いといっていいでしょう。

JavaScriptでは、配列もオブジェクトでした。TypeScriptでもそれは同じです。配列に多数の要素が保管されているように、一般のオブジェクトにも多数のプロパティが保管されています。

オブジェクトからプロパティを順に取り出して処理したい場合は「for in」を使います。これはオブジェクトからプロパティ名を順に変数に取り出します。繰り返し処理内では、取り出されたプロパティ名を使って値を取り出し処理します。

配列から順に要素の値を取り出し処理したい場合は「for of」を使います。こちらは配列から直接値を取り出していきますから、そのままその値を処理できます。

同じ配列を使い、両者の違いをコードで比較してみましょう。

リストA-4

```
const arr:readonly number[] = [12,34,56,78,90]
var total:number = 0
for (let n in arr) {
  total += arr[n]
}
console.log("total: " + total)
```

リストA-5

```
const arr:readonly number[] = [12,34,56,78,90]
var total:number = 0
for (let n of arr) {
  total += n
}
console.log("total: " + total)
```

　どちらも得られる結果は同じですが、繰り返し内の処理が違います。for inの場合、配列から取り出されるのはプロパティ名(インデックス)であるため、total += arr[n] としています。しかしfor ofでは値が直接取り出されるのでtotal += n となります。

Section A-2 関数の利用

 関数の定義 NEXT.

Chapter 1
Chapter 2
Chapter 3
Chapter 4
Chapter 5
Chapter 6
Chapter 7
Chapter 8

Addendum

TypeScriptでは、さまざまなところで関数を使います。関数を一通りマスターすることは、TypeScriptを覚える上で非常に重要です。

まずは、関数の基本から復習しましょう。関数は以下のような形で定義されましたね。

●関数の定義

```
function 名前 ( 引数 ) {
    ……実行する処理……
}
```

この基本は、TypeScriptでも同じです。ただし、TypeScriptでは、これに更に「戻り値」のタイプを指定することができます。

●戻り値のある関数の定義

```
function 名前 ( 引数 ): 型 {
    ……実行する処理……
}
```

こうすることで、指定した型が返される関数が作れます。TypeScriptはタイプが重要ですから、「どの型の値が返るか」が明確になればそれだけ関数もさまざまなところで利用できるようになります。

では、実際に関数の利用例をあげておきましょう。

リストA-6

```
function prime(num:number):boolean {
  let flg = true
  for (let i = 2;i < num / 2;i++) {
```

```
    if (num % i == 0) {
      flg = false
      break
    }
  }
  return flg
}

const arr:number[] = [10,11,12,13,14,15,16,17,18,19,20]

for(let item of arr) {
  console.log(item + ' = ' + prime(item))
}
```

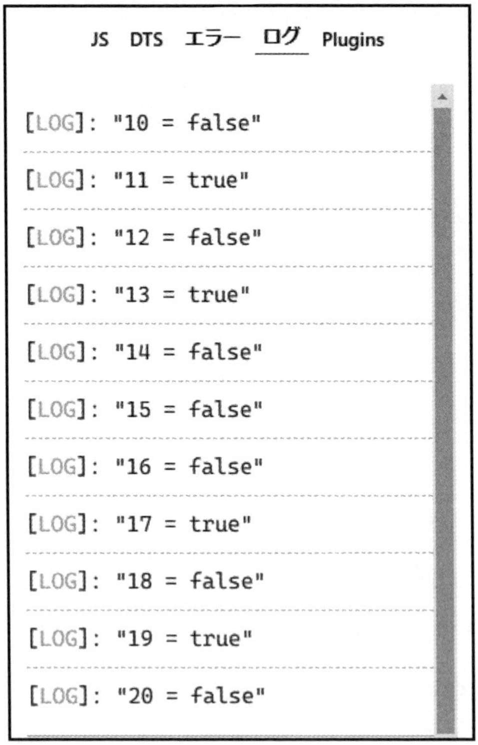

```
    JS   DTS   エラー   ログ   Plugins


[LOG]: "10 = false"

[LOG]: "11 = true"

[LOG]: "12 = false"

[LOG]: "13 = true"

[LOG]: "14 = false"

[LOG]: "15 = false"

[LOG]: "16 = false"

[LOG]: "17 = true"

[LOG]: "18 = false"

[LOG]: "19 = true"

[LOG]: "20 = false"
```

図 A-5　10 ～ 20の整数が素数かどうかチェックする

　ここでは、10 ～ 20の整数について、素数かどうかをチェックし、その結果を表示しています。ここではprimeという素数判定の関数を定義し、それをfor of内から呼び出すことで処理を行っています。このprime関数は以下のように定義されています。

```
function prime(num:number):boolean {……}
```

number型の引数numがあり、戻り値はboolean型となっています。これで「数値を引数に渡して呼び出すと、trueかfalseが返ってくる」というのがすぐにわかりますね。型の指定がきっちりできるため、TypeScriptの関数はJavaScriptよりも使いやすいのではないでしょうか。

コラム NEXT. 戻り値がないときは「void」 **Column**

関数には戻り値を指定できますが、では「戻り値がない」という場合は何を指定するのでしょうか。

これは、「void」という値を指定します。これを指定すると、戻り値がないと判断されます。

NEXT. 複数の戻り値

関数では、戻り値に複数の値を指定することもできます。これは、タプルを利用するのです。タプルを戻り値に指定することで、一度に複数の値を返す関数が作れます。

これも実例を挙げておきましょう。

リストA-7

```
function gcdLcm(a: number, b: number): [number, number] {
  let gcd = 1;
  let lcm = 1;

  for (let i = 1; i <= a && i <= b; i++) {
  if (a % i === 0 && b % i === 0) {
    gcd = i;
  }
  }
  lcm = (a * b) / gcd;
  return [gcd, lcm];
}

const num1 = [10,20,30,40,50]
const num2 = [101,212,323,434,545]

for(let i = 0;i < num1.length;i++) {
  const [gcd,lcm] = gcdLcm(num1[i],num2[i])
  console.log(num1[i]+','+num2[i]+
```

Chapter 1
Chapter 2
Chapter 3
Chapter 4
Chapter 5
Chapter 6
Chapter 7
Chapter 8
Addendum

```
  '  gcd:'+gcd+', lcm:'+lcm)
}
```

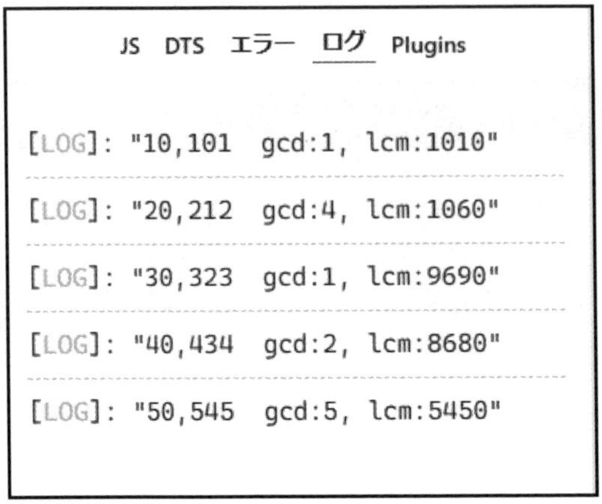

```
    JS  DTS  エラー  ログ  Plugins

[LOG]: "10,101  gcd:1, lcm:1010"

[LOG]: "20,212  gcd:4, lcm:1060"

[LOG]: "30,323  gcd:1, lcm:9690"

[LOG]: "40,434  gcd:2, lcm:8680"

[LOG]: "50,545  gcd:5, lcm:5450"
```

図 A-6　2つの配列から順に値を取り出し、GCDとLCMを計算する

　これは、2つの数字のGCD（最大公約数）とLCM（最小公倍数）を計算して表示する例です。2つの配列に調べる値を用意しておき、forで順に値を取り出して関数を呼び出し、結果を表示しています。

　ここでは、最大公約数と最小公倍数を調べる以下のような関数を定義しています。

```
function gcdLcm(a: number, b: number): [number, number] {……}
```

　引数に2つのnumber値を渡すと、2つのnumberのタプルが戻り値として返されます。forでこの関数を呼び出している部分を見ると、こうなっていますね。

```
const [gcd,lcm] = gcdLcm(num1[i],num2[i])
```

　これで、戻り値の2つの値がそれぞれ変数gcdとlcmに代入されます。これは、JavaScriptの分割代入という機能を利用したものです。配列の値を代入するとき、同じ要素の数だけ変数を配列の形で用意しておくと、1つ1つの変数に値が代入されます。

　この分割代入を利用した関数の呼び出しは、実はReactで多用されています。ステートフックというものを利用するときに必ずこの手法を利用するのです。ここでその使い方をよく頭に入れておくと良いでしょう。

オプション引数と初期値

関数で複数の引数を扱うとき、知っておきたいのが「オプション引数」の使い方です。関数に用意した引数は、基本的に全てきちんと指定しないと呼び出せません。しかし、引数の書き方によっては値を省略することもできます。

これにはいくつかの方法があります。1つは「?」記号を指定するというもの。例えば、以下のように引数を指定するのです。

```
function 関数（引数?:タイプ）
```

この?記号は、「nullを許容する」ことを示す記号です。例えば、x?というようにすると、「xはnull（あるいはundefined）でもいい」ということになり、値がなくても問題なく使えるようになるのです。

ただし、本当に値がないと困りますから、関数内で「引数がnullだったら値を設定する」といった処理を用意しておきます。

では、実際の利用例を挙げておきましょう。

リストA-8

```
function tax(price:number, tax?:number):number {
  const tx = tax ? tax : 8.0
  return Math.floor(price * (1.0 + (tx / 100)))
}

const price = 12800
console.log(price + '円,' + tax(price) + '円')
console.log(price + '円,' + tax(price,10) + '円')
```

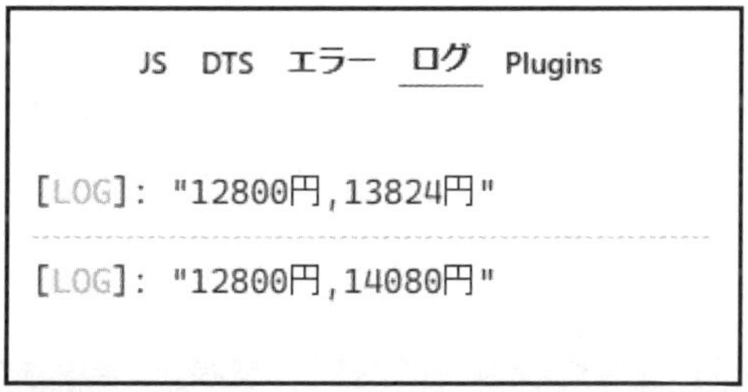

```
    JS  DTS  エラー  ログ  Plugins

[LOG]:  "12800円,13824円"
---------------------------------------------
[LOG]:  "12800円,14080円"
```

図 A-7　税額が8％と10％の税込価格を計算する

ここではpriceに用意した金額の消費税込み価格を計算し表示します。金額を計算するtax関数は、以下のようになっています。

```
function tax(price:number, tax?:number):number {……}
```

第1引数には金額を示すprice引数が用意されています。そして第2引数には税率を示すtaxが用意されています。が、これはtax?:numberと指定して、nullでもいいようにしてあります。

関数内を見ると、まずtaxの値をチェックし、nullなら8.0を指定するようにしていますね。

```
const tx = tax ? tax : 8.0
```

後は、このtxの値を使って計算をし、値を返せばいいのです。このように値がnullの場合の処理をきちんと用意しておけば、nullを許容する引数を用意できます。

初期値を指定する

もう1つの方法は、引数に初期値を指定しておくというものです。これは、例えば以下のような形で記述します。

```
function 関数 （引数：タイプ＝初期値）
```

引数のしての後に「＝値」というようにして初期値を指定しておくのです。こうすると、値が省略された場合は初期値を値として渡すようになります。

例えば、先程の例で、tax関数を以下のように書き換えてみましょう。

リストA-9
```
function tax(price:number, tax:number=8.0):number {
  return Math.floor(price * (1.0 + (tax / 100)))
}
```

これでも全く同様に機能します。ここでは、tax:number=8.0というように引数を指定していますね。こうすることで、tax引数が用意されていない場合は8.0が値として渡されるようになります。

NEXT. 可変長引数について

関数の引数は、事前にどういう値が渡されるのか明確に指定しておく必要があります。しかし、場合によっては「いくつかの値を渡したい」というようなこともあります。例えば「引

数に渡した値の合計を計算する」というような関数を作るとき、引数には「必要なだけ、いくらでも」値を指定できるようにしたいですね。

このようなときに使われるのが「可変長引数」と呼ばれるものです。これは名前の通り、可変長（長さが自由に変わる）引数です。「長さ」とは、要するに「引数の数」です。つまり、引数をいくつでも用意できるようにするもの、それが可変長引数です。

これは、以下のような形で宣言をします。

```
function 関数名(...名前:型 )
```

引数の名前の前に「...」とドットを3つつけると、可変長引数として扱われるようになります。注意したいのは、型の指定です。引数の型は、必ず「配列」として指定します。例えばnumber型の可変長引数なら、number[]とします。

では、実際の利用例をあげておきましょう。

リストA-10
```
function total(...items:number[]):number {
  let res = 0
  for (let item of items) {
  res += item
  }
  return res
}

const result = total(123,45,678,90)
console.log('total: ' + result)
```

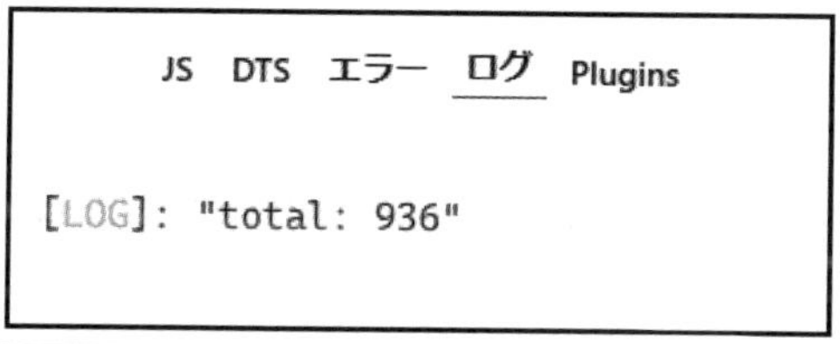

```
    JS   DTS   エラー   ログ   Plugins

[LOG]: "total: 936"
```

図A-8 引数に指定した値をすべて合計して表示する

ここでは、引数で渡した値すべてを合計して返す関数totalを定義して使っています。この関数は以下のように定義されています。

```
function total(...items:number[]):number
```

引数itemsは、number[]となっていますね。では、実際に呼び出しているところがどの様になっているか見てみましょう。

```
const result = total(123,45,678,90)
```

引数には整数の値がいくつも用意されています。可変長引数は、これらの値をすべて配列にまとめて関数に渡すのです。関数側は、渡された配列をそのまま処理していけばいいのですね。

値としての関数

関数は、JavaScriptでは値（オブジェクト）として扱うことができました。これはTypeScriptでも同じです。例えば、このように関数を定義したとしましょう。

```
function hoge() {……}
```

これは、hogeという関数が用意されたことになりますが、同時に「hogeというオブジェクトに関数が代入された」ということも意味します。従って、hoge()とすれば関数が実行されますが、hogeをそのまま変数などに代入し、値として扱うこともできます。

無名関数とアロー関数

こうした「値としての関数」を扱う場合、多用されるのが「無名関数」です。すなわち、名前のついていない関数ですね。

```
function (引数) : 戻り値 {……}
```

このように、関数の名前をつけずに定義することで無名関数が作られます。名前がついていませんから、そのままでは呼び出せません。従って、変数に代入したり、関数の引数や戻り値などで利用するために用いられます。

では、実際に無名関数を使ってみましょう。

リストA-11
```
const f = function (){
  console.log("Hello!")
  return ("finished.")
}

console.log(f)
console.log(f())
```

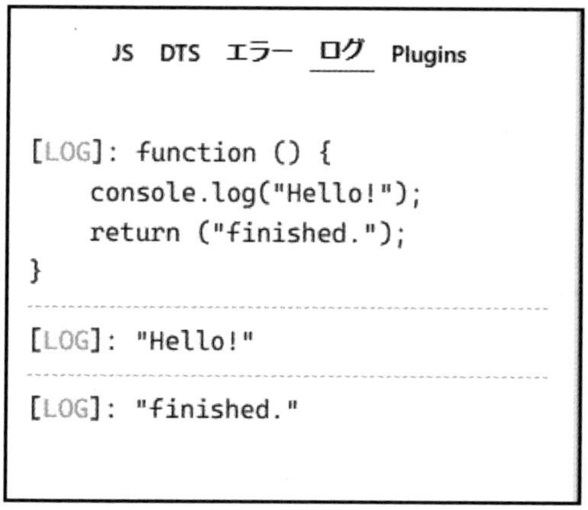

```
      JS  DTS  エラー  ログ  Plugins

[LOG]: function () {
    console.log("Hello!");
    return ("finished.");
}
------------------------------------
[LOG]: "Hello!"
------------------------------------
[LOG]: "finished."
```

図 A-9 実行すると、関数を定数に代入して利用する

　これを実行すると、定数fに代入した関数自身と、関数を実行した出力、そして実行結果(戻り値)がそれぞれ出力されます。log(f)だと関数自身が値として出力され、log(f())だと関数が実行されその結果が表示されることがわかるでしょう。

アロー関数は便利！

　無名関数は、値として関数を扱うようなときに利用されますが、そのようなときは、もっと簡単に書ける「アロー関数」を利用するのが一般的です。

●アロー関数の書き方

（引数)=> {……内容……}

　これがアロー関数の基本形です。引数と実装を => という記号でつなげて記述します。引数が1つだけのときは()は省略できます。また実行内容がただ戻り値を返すだけの場合は{}やreturnを省略し、返す値を記述するだけでOKです。

　アロー関数を使うとどれだけシンプルに書けるか見てみましょう。

リストA-12

```
const add = (x:number,y:number)=> x + y
const sub = (x:number,y:number)=> x - y

const x = 123
const y = 45

console.log(add(x,y))
console.log(sub(x,y))
```

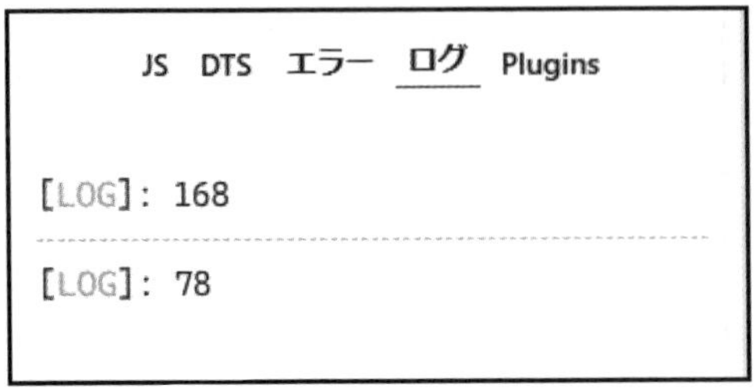

```
         JS   DTS   エラー   ログ   Plugins

[LOG]: 168
--------------------------------------------
[LOG]: 78
```

図 A-10 実行すると、addとsub関数を実行する

　ここでは、2つの値を足し算するaddと引き算するsubという2つの関数を定義し、これを呼び出しています。関数定義の部分を見ると、非常にシンプルに作成されていることがわかりますね。引数の後に =>で戻り値の式が書いてあるだけです。これだけで関数としてちゃんと機能するのです。

　このアロー関数は、Next.jsでは非常によく使われます。まだあまり使ったことがない人はここでしっかりと書き方を覚えておきましょう。

NEXT. 関数の引数・戻り値に関数を使う

　無名関数やアロー関数は、変数に代入して使うこともないわけではありませんが、それよりも圧倒的に多いのが「関数の引数や戻り値に使う」というものです。

リストA-13

```
const x = 123
const y = 45

function calc(f:Function) {
    console.log(f(x,y))
}

calc((x:number,y:number)=>x * y)
```

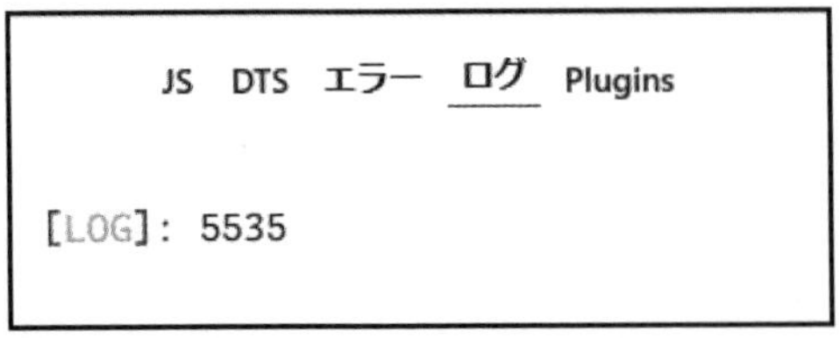

```
         JS   DTS   エラー   ログ   Plugins

[LOG]: 5535
```

図 A-11 実行するとcalcの引数に指定した関数が実行される

　ここでは、calcの引数に「f:Function」というものが設定されています。Functionは、関数のタイプです。これにより、関数型の値(つまり、関数自身)が引数として渡されるようになります。

　実際にcalcを呼び出している部分を見るとそれがよく分かるでしょう。

```
calc((x:number,y:number)=>x * y)
```

　calc関数の引数に、アロー関数が書かれています。xとyというnumber型の引数を持ち、x * yをただ返すだけのシンプルな関数ですね。これがcalcで実行され、その結果として2つの値の掛け算した値が表示されていた、というわけです。

関数の型を正確に指定する

　これで関数を引数に使うやり方はわかりました。が、これでは実は問題があることに気づいたでしょうか。

　calc(f:Function)では、どんな関数が引数に渡されるかわかりません。calc関数では、f(x, y)というように2つの引数のある関数が渡される前提で処理が記述されていますから、引数に渡す関数はそのような形になっている必要があります。

　このような場合には、関数の型を引数や戻り値まで正確に指定する必要があります。例えば、先ほどのcalc関数は、以下のように定義できます。

リストA-14
```
function calc(f:(x:number,y:number)=>number) {
  console.log(f(x,y))
}
```

　引数の部分を見ると、calc(f:(x:number,y:number)=>number)となっていることがわかりますね。この中の「(x:number,y:number)=>number」というのが、引数fの型の指定です。関数の型は、こんな具合にアロー関数のような形で指定することができます。これなら、「xとyというnumber型の引数があり、number型の値を返す関数」であることがわかりますね。

　このように正確に引数や戻り値の型まで指定しておくと、実際にcalcを呼び出す際のアロー関数がよりシンプルになります。

```
calc((x:number,y:number)=>x * y)
```

⬇

```
calc((x,y)=>x * y)
```

　このように、型の指定を省略して記述することができます。引数にどういう型の値が指定されるかは既に決まっているので、いちいち正確に型まで記す必要がなくなります。

Chapter 1
Chapter 2
Chapter 3
Chapter 4
Chapter 5
Chapter 6
Chapter 7
Chapter 8
Addendum

Section A-3 オブジェクトの利用

NEXT オブジェクトリテラル

　オブジェクトは、JavaScriptの機能の中でも非常にわかりにくい部分です。TypeScriptでは、更に多くの機能が追加されているため、ビギナーにはかなり理解しにくい部分でしょう。ここでは「とりあえず、これだけ覚えておけばReact/Next.jsは使えるだろう」という基礎的な知識に絞って説明をしておきましょう。

　まずは、オブジェクトリテラルについてです。

　オブジェクトは、さまざまな形で使われます。newで作成するもの、関数などを使って作るものなど、何かを利用したときに結果がオブジェクトで返される、ということが一番多いでしょう。

　それ以外に、意外に多いのが「値としてのオブジェクト」です。例えば関数の引数にオブジェクトを指定するようなとき、その場でオブジェクトを値として記述することがよくあります。

　JavaScript/TypeScriptでは、オブジェクトは値として記述することができます。これは、以下のような形になります。

●オブジェクトリテラルの基本

```
{
    プロパティ: 値,
    プロパティ: 値,
    ……略……
}
```

　{}の中に、プロパティ名とそれに設定される値を必要なだけ記述します。これがオブジェクトの最も基本的な書き方です。

　「これって、JSONにそっくりだな」と思った人。その通り、これはJSONの書き方と同じです。ただ、JSONのデータはstring値であるのに対し、オブジェクトリテラルはそのままオブジェクトとして使うことができます。

オブジェクトリテラルを使う

では、実際にオブジェクトリテラルを作って利用してみましょう。

リストA-15

```
const ob1 = {
  name:'taro',
  mail:'taro@yamada'
}
const ob2 = {
  name:'hanako',
  age:28
}

function check(ob:any) {
  console.log('*** check ***')
  for(let p in ob)  {
    console.log(p + ' => ' + ob[p])
  }
}

check(ob1)
check(ob2)
```

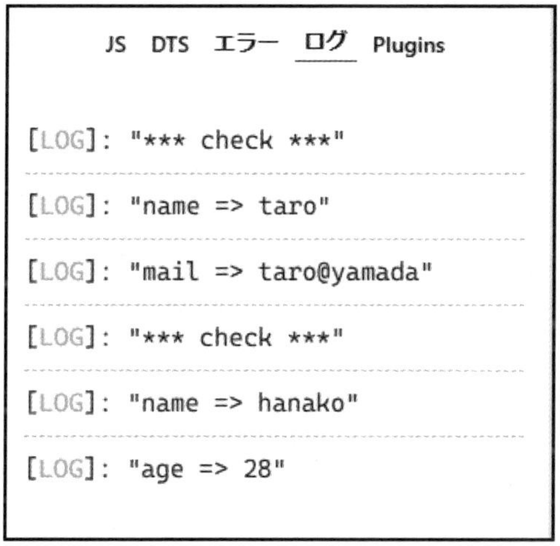

```
     JS  DTS  エラー  ログ  Plugins

[LOG]: "*** check ***"

[LOG]: "name => taro"

[LOG]: "mail => taro@yamada"

[LOG]: "*** check ***"

[LOG]: "name => hanako"

[LOG]: "age => 28"
```

図 A-12　2つのオブジェクトの内容が出力される

　これを実行すると、ob1とob2という2つのオブジェクトを作成し、その内容を出力します。check関数では、forを使ってオブジェクトから順にプロパティを取り出して内容を出力しています。ob1とob2で異なる値が保管されていることがよくわかりますね。

どちらのオブジェクトも、それぞれ定数に値として代入されています。そして、そこからプロパティの値を取り出して利用しているのです。値は、ちゃんとオブジェクトとして扱えることがわかります。

NEXT. クラスの定義

先ほどの例では、2つのオブジェクトを作成しました。2つは、それぞれ内容の異なるものでしたね。必要なものをその場で作るだけなら、オブジェクトリテラルはとても便利です。

けれど、決まった値が用意されているデータのようなものを作成する場合、作るオブジェクトごとに内容が異なったりしたら困ります。こうしたものは、すべて同じ内容のオブジェクトとして用意する必要があります。

このようなときに用いられるのが「クラス」です。クラスは、オブジェクトの設計図となるものです。クラスを定義しておくことで、そのオブジェクトにどのような値が用意されるかが明確になります。

このクラスは、以下のように定義します。

●クラスの定義

```
class 名前 {
  プロパティ： 値
  プロパティ： 値
  ……略……

  メソッド （ 引数 ）： 戻り値 ｛……処理……｝
  ……略……
}
```

クラスには、プロパティとメソッドが用意されます。プロパティは「値」を保管するもの、そしてメソッドは「処理」を設定するものです。この2つの要素でクラスは構成されています。

個人情報クラス「Person」を作る

では、実際に簡単なクラスを作って利用してみましょう。ここでは、個人情報を管理するPersonというクラスを定義し、それを利用してみましょう。

リストA-16

```
class Person {
  name:string = 'noname'
  mail:string = 'nomail'
```

```
  age:number = 0

  print():void {
    console.log(this.name + '(' + this.age + ')\n'
      + '[' + this.mail + ']')
  }
}

const taro = new Person()
taro.name = 'taro'
const hanako = new Person()
hanako.name = 'hanako'
hanako.age = 28

taro.print()

hanako.print()
```

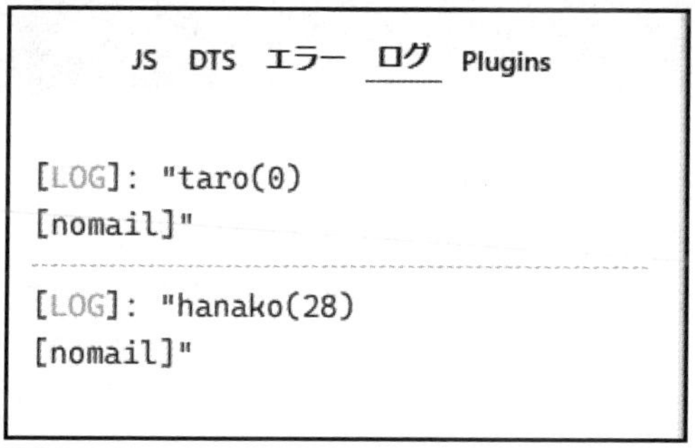

```
      JS   DTS   エラー   ログ   Plugins


[LOG]: "taro(0)
[nomail]"
- - - - - - - - - - - - - - - - - - - - - - - - - - -
[LOG]: "hanako(28)
[nomail]"
```

図 A-13 Personクラスのオブジェクトを作成し、プロパティを設定し、printメソッドで表示する

　これを実行すると、2つのPersonオブジェクトを作成し、そのprintメソッドを使って内容を表示します。ここでは、Personに以下のようなプロパティを用意してあります。

```
name:string = 'noname'
mail:string = 'nomail'
age:number = 0
```

　プロパティは、値が設定されていないとundefinedになり問題となる可能性があるため、すべて初期値を設定してあります。Personを利用している部分を見ると、このようになっていますね。

```
const taro = new Person()
taro.name = 'taro'
```

new Person としてオブジェクトを作成します。そして name などのプロパティに値を設定します。これでオブジェクトが作成されます。後は、taro.print() というようにしてメソッドを呼び出し内容を表示します。

プロパティやメソッドは、このように「○○.××」というようにオブジェクト名の後にドットを付けてプロパティやメソッド名を記述します。こうすることで、「どのオブジェクトのプロパティ・メソッドか」を明確に指定します。

また、print メソッドを見ると、このオブジェクトのプロパティを使うのに「this.name」「this.mail」「this.age」といった書き方をしているのに気がつくでしょう。「this」というのは、オブジェクト自身を示す語です。this.name は、つまり「このオブジェクトの name プロパティ」を示していたのですね。

このあたりのオブジェクトの基本的な機能は、JavaScript と同じです。ですから、「だいたいわかってる」という人もいることでしょう。オブジェクトの基本部分は、JavaScript も TypeScript もほぼ同じなのです。

NEXT. コンストラクタについて

実際に使ってみると、クラスというのは思ったほど便利でないように感じたかも知れません。なにしろ、new でオブジェクトを作ったら、その後で1つ1つプロパティを設定していかないといけないのですから。もっとスパッと簡単に作れないと利用したくないですね。

こうした場合に役立つのが「コンストラクタ」です。コンストラクタは、オブジェクトを生成する際に使われる特殊なメソッドです。これは以下のようにクラス内に定義されます。

```
constructor(引数) {
    ……処理……
}
```

コンストラクタには、必要な値を渡すための引数を用意できます。このコンストラクタは、new する際に自動的に呼び出されます。ここに引数を用意しておけば、new する際にそれらの引数を指定できるようになります。

では、先ほどの Person クラスにコンストラクタを追加してみましょう。

リストA-17

```
class Person {
    name:string
    mail:string
    age:number
```

```
  constructor(name:string,mail:string,age:number) {
    this.name = name
    this.mail = mail
    this.age = age
  }

  print():void {
    console.log(this.name + '(' + this.age + ')\n'
      + '[' + this.mail + ']')
  }
}

const taro = new Person('taro','taro@yamada',39)
const hanako = new Person('hanako','hanako@flower',28)

taro.print()
hanako.print()
```

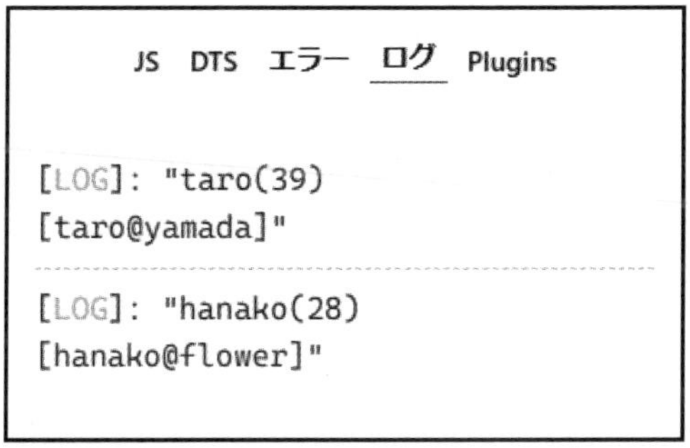

```
  JS   DTS   エラー   ログ   Plugins


[LOG]: "taro(39)
[taro@yamada]"
............................................................
[LOG]: "hanako(28)
[hanako@flower]"
```

図 A-14 Personオブジェクトを作成しprintする

先ほどと同じように2つのオブジェクトを作成し、printメソッドで内容を表示しています。クラスのコードは長くなりましたが、それを利用するためのコードは逆にシンプルになっているのがわかるでしょう。

ここでは、以下のようにコンストラクタが用意されています。

```
constructor(name:string,mail:string,age:number) {
  this.name = name
  this.mail = mail
  this.age = age
}
```

3つの引数を用意してあります。これらの値は、このオブジェクト自身のプロパティに割り当てられています。

　このようにコンストラクタが用意されたPersonは、どのようにオブジェクトを再生するようになったでしょうか。

```
const taro = new Person('taro','taro@yamada',39)
const hanako = new Person('hanako','hanako@flower',28)
```

　このように、newする際にコンストラクタで指定した3つの引数を用意するようになりました。これで、1行でオブジェクトを作成できるようになりました。この方が遥かに簡単ですね！

クラスのタイプ（型）について

　クラスは、オブジェクトに決まった性質を与えます。保管されるプロパティ、実行できるメソッドなどはクラスごとに決まります。こうした特性から、クラスはTypeScriptにおいては「値のタイプ（型）」の一種として扱われます。
　例えば、Personクラスのオブジェクトを保管する配列を作成したければ、Personを型に指定することで、他のオブジェクトが追加できないようになります。クラスを使うようになると、「この機能は、このクラスでしか使えない」というようにクラスごとに処理を行うような事が増えてきます。型としてのクラスの役割は重要になっていくのです。
　では、実際に先ほどのPersonクラスを扱う配列を作って利用する例を見てみましょう。

リストA-18

```
class Person {
    ……同じなので省略……
}

const data:Person[] = []
data.push(new Person('taro','taro@yamada',39))
data.push(new Person('hanako','hanako@flower',28))
data.push(new Person('sachiko','sahiko@happy',17))

data.map(value=>value.print())
```

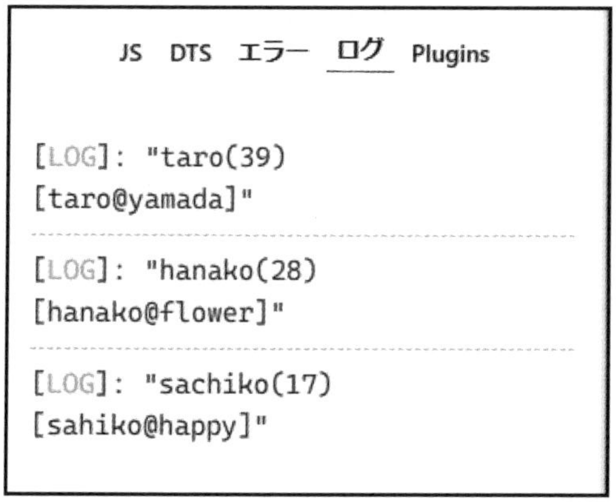

```
    JS  DTS  エラー  ログ  Plugins

[LOG]: "taro(39)
[taro@yamada]"
- - - - - - - - - - - - - - - - - - - - - - - - - - - - -
[LOG]: "hanako(28)
[hanako@flower]"
- - - - - - - - - - - - - - - - - - - - - - - - - - - - -
[LOG]: "sachiko(17)
[sahiko@happy]"
```

図 A-15　Person配列を作成してオブジェクトを追加し、その内容を出力する

　ここでは、const data:Person[]というようにPerson型の配列を用意し、これにpushメソッドでPersonを追加しています。このdataにはPerson以外は追加できません。従って、その中身を利用するときは、「すべてPersonである」という前提で処理を作成できます。

　ここでは、配列の中にあるPersonをすべて出力するのに、こんな文を使っていますね。

```
data.map(value=>value.print())
```

　mapは配列のメソッドで、配列に保管されている1つ1つの値ごとに引数の関数を呼び出していきます。この例ならば、value=>value.print()というアロー関数が各値ごとに実行されるわけです。valueには、保管されている各Personが渡されます。このprintを呼び出すことで、内容を出力しているのですね。

　これは、dataに保管されているのがすべてPersonだからこそ可能なやり方です。Person以外のものが混じっていたら、value.print()でエラーになってしまうでしょう。

NEXT. typeによる型エイリアス NEXT.

　このようにクラスはTypeScriptでオブジェクトを扱う上で非常に重要な役割を果たします。ただ、ちょっと大袈裟な感じがするのも確かですね。ちょっとだけ、ほんの2つ3つオブジェクトを作って利用するだけなのに、わざわざクラスを定義してコンストラクタを書いて……というのはかなり面倒です。

　実をいえば、もっと簡単にオブジェクトのタイプを定義する方法があるのです。それは、「type」というキーワードを利用する方法です。typeは、新しいタイプを定義するためのもので、以下のように記述をします。

```
type 型名 = 型
```

　typeの後に型名を指定し、＝で設定する型の内容を具体的に用意します。ここにオブジェクトの具体的な内容を指定することで、その内容のオブジェクトを特定の型として扱えるようになります。

　まぁ、これだけの説明では何をいっているのかよくわからないかも知れませんね。実際に使っている例を見てみましょう。

リストA-19

```
type Person = {
  name:string,
  mail:string,
  age:number
}

const data:Person[] = []
data.push({name:'taro',mail:'taro@yamada',age:39})
data.push({name:'hanako',mail:'hanako@flower',age:28})
data.push({name:'sachiko',mail:'sahiko@happy',age:17})

data.map(value=>console.log(value.name + '(' +
  value.age + ', ' + value.mail + ')')
)
```

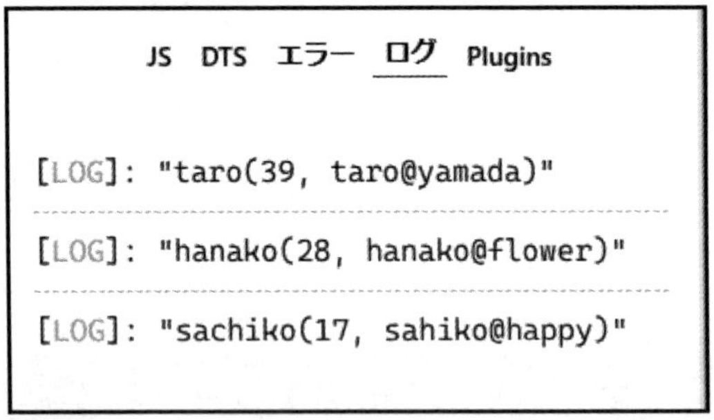

```
      JS  DTS  エラー  ログ  Plugins


[LOG]: "taro(39, taro@yamada)"
----------------------------------------
[LOG]: "hanako(28, hanako@flower)"
----------------------------------------
[LOG]: "sachiko(17, sahiko@happy)"
```

図 A-16　Person型のオブジェクトを作成して表示する

　これまでの例と同様に、いくつかのPersonオブジェクトを配列に追加し、mapでその内容を出力しています。ただし、やっていることは同じですが、今回のコードにはPersonクラスがありません。あるのは、typeで定義されたPerson型だけです。

```
type Person = {
  name:string,
  mail:string,
  age:number
}
```

これで、name, mail, ageという3つの値を持つオブジェクトがPersonという型として定義されました。data:Person[]の配列に追加している部分を見ると、このようになっていますね。

```
data.push({name:'taro',mail:'taro@yamada',age:39})
```

これで、引数のオブジェクトはPerson型と判断されdataに追加されます。内容の異なるオブジェクトはPerson型とは判断されず、エラーになります。

ただし、ただ指定の値があるだけなので、先にPersonクラスを利用したときのように「printメソッドで内容を出力」などはできません。そこでdata.mapでは、console.logを使ってvalue引数の値を出力する処理を作成してあります。

クラスのほうが、プロパティだけでなくメソッドなども実装できるのでよりパワフルですが、「ちょっと使うだけ」ならばtypeによる型指定のほうが手軽で便利です。

NEXT. 総称型について

さまざまなオブジェクトを扱うようになると、「特定のオブジェクトのみを対象とした処理」をいろいろと作成していくことになります。そうなったときに役立つのが「総称(ジェネリック)型」という機能です。

総称型は、あるクラスの中で特定の種類の型の値を利用するようなときに使われます。これは、こんな形で定義されます。

```
class 名前 <T> {……}
```

名前の後に<T>というものがありますね。これが総称型の指定です。実際にこのクラスを利用するときは、このTにさまざまな型が設定されます。つまり、このTは「実行する際に決められる型」なのです。クラス内では、このT型(実行するまでは何型か決まっていない型)であることを前提に処理を行う必要があります。

総称型を使ってみる

この総称型は、どういう使い方をするのか、どういう利点があるのか、よくわからない機能かも知れません。では、実例を見てみましょう。

リストA-20

```typescript
class Data<T> {
  data:T[]

  constructor(...item:T[]) {
    this.data = item
  }

  print():void {
    switch(typeof(this.data[0])) {
      case "string":
        console.log("テキスト")
        const res = this.data.join('|')
        console.log(res)
        break
      case "boolean":
        console.log("真偽値")
        console.log(this.data)
        break
      case "number":
        console.log("数値")
        let total = 0
        this.data.map(value=> total += +value)
        console.log('total:' + total)
        break
      default:
        console.log('対応タイプはありません。')
    }
  }
}

const d1:Data<number> = new Data(12,34,56)
const d2:Data<boolean> = new Data(true,false)
const d3:Data<string> = new Data('one','two','three')

d1.print()
d2.print()
d3.print()
```

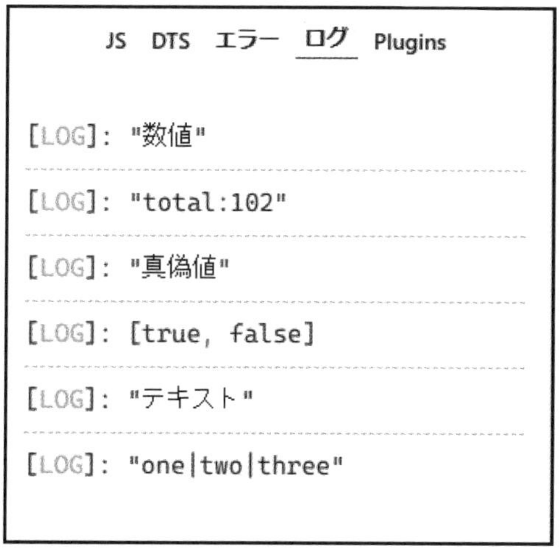

```
 JS   DTS   エラー   ログ   Plugins

[LOG]:  "数値"
...............................................
[LOG]:  "total:102"
...............................................
[LOG]:  "真偽値"
...............................................
[LOG]:  [true, false]
...............................................
[LOG]:  "テキスト"
...............................................
[LOG]:  "one|two|three"
```

図 A-17 実行すると、Dataに保管する値のタイプごとに表示が変わる

　ここでは3つのDataオブジェクトを作成し、そのprintメソッドを呼び出して内容を表示しています。が、Dataに保管している値の種類によって出力される内容が変わることがわかるでしょう。

　ここでは、以下のような形でクラスとプロパティを用意しています。

```
class Data<T> {
  data:T[]
```

　Dataに<T>と総称型を指定しています。そしてデータを保管するdataプロパティは、T型の配列にしてあります。このdataには、コンストラクタで値が設定されるようになっています。

```
constructor(...item:T[]) {
  this.data = item
}
```

　これで、T型の値がdataプロパティに保管されるようになります。printメソッドでは、このT型が実際には何の型かによって処理を変更するようにしてあります。ここでは以下のようなswitch文が用意されていますね。

```
switch(typeof(this.data[0])) {
  case "string":
    ……string型の処理……
  case "boolean":
    ……boolean型の処理……
  case "number":
```

```
    ……number型の処理……
  default:
    console.log('対応タイプはありません。')
}
```

typeof(this.data[0]) というのは、dataの最初の値のタイプを調べるものです。typeofという関数は、引数の値のタイプをstring値で返します。

これでdataに保管されている値のタイプを調べ、caseでそれがstringか、booleanか、numberか、あるいはそれ以外かによって異なる処理をしていたというわけです。

実際にData型を利用している文を見てみましょう。

```
const d1:Data<number> = new Data(12,34,56)
const d2:Data<boolean> = new Data(true,false)
const d3:Data<string> = new Data('one','two','three')
```

d1:Data<number> というように、Dataの後に <number> というようにタイプを指定してあります。これにより、<T>のTにはnumberが設定されるようになります。同様に、booleanやstringをTに設定し、その値を引数にしてnew Dataしているのがわかるでしょう。これらはいずれもすべてData型オブジェクトですが、保管される値の型によって動作が変わるようになっているのです。これが総称型の働きです。

この総称型は、「自分で総称型のクラスを作る」ということはあまりないでしょう。それよりも、「総称型のクラスを使う」ということのほうが圧倒的に多いのです。特にNext.jsでは、総称型を利用したオブジェクトが結構登場しますので、今のうちに使い方だけでもよく理解しておいてください。総称型は、自分で作れなくても構いませんが、使えないのは非常に困ります。

NEXT これより先は、それぞれで学習！

以上、TypeScriptの基本的な機能についてざっと説明をしました。といっても、実は半分ぐらいはTypeScriptではなくてJavaScriptの機能だったりします。TypeScriptを使うには、なんといってもJavaScriptをしっかり理解することが重要ですから仕方ありません。

TypeScriptには、まだまだたくさんの機能が用意されていますが、とりあえずこのぐらいの知識があれば、Next.jsをTypeScriptで使うぐらいのことはできるようになるはずです。ただし、これは「多分、できるだろう」ということであって、「もうこれで完璧！」では全くありません。これより先は、それぞれでTypeScriptについて学習を進めていってください。

なお、TypeScriptの入門用に「TypeScriptハンズオン」(秀和システム)という書籍も上梓していますので、学習の参考にしてください。

Index

索引

Chapter 1
Chapter 2
Chapter 3
Chapter 4
Chapter 5
Chapter 6
Chapter 7
Chapter 8
Addendum

Chapter 1
Chapter 2
Chapter 3
Chapter 4
Chapter 5
Chapter 6
Chapter 7
Chapter 8
Addendum

Chapter
1

Chapter
2

Chapter
3

Chapter
4

Chapter
5

Chapter
6

Chapter
7

Chapter
8

Addendum

著者紹介

掌田 津耶乃（しょうだ　つやの）

日本初のMac専門月刊誌「Mac+」の頃から主にMac系雑誌に寄稿する。ハイパーカードの登場により「ビギナーのためのプログラミング」に開眼。以後、Mac、Windows、Web、Android、iPhoneとあらゆるプラットフォームのプログラミングビギナーに向けた書籍を執筆し続ける。

■近著

「プログラミング知識ゼロでもわかるプロンプトエンジニアリング入門」(秀和システム)
「Azure OpenAI プログラミング入門」(マイナビ出版)
「Python Django 4 超入門」(秀和システム)
「Python/JavaScriptによる Open AI プログラミング」(ラトルズ)
「Node.js超入門 第4版」(秀和システム)
「Clickではじめるノーコード開発入門」(ラトルズ)
「R/RStudioでやさしく学ぶプログラミングとデータ分析」(マイナビ出版)

●著書一覧

http://www.amazon.co.jp/-/e/B004L5AED8/

●ご意見・ご感想の送り先

syoda@tuyano.com

Next.js超入門
ネクストジェイエスちょうにゅうもん

| 発行日 | 2024年　2月10日 | 第1版第1刷 |

著　者　掌田　津耶乃
しょうだ　つやの

発行者　斉藤　和邦
発行所　株式会社　秀和システム
　　　　〒135-0016
　　　　東京都江東区東陽2-4-2　新宮ビル2F
　　　　Tel 03-6264-3105（販売）Fax 03-6264-3094
印刷所　三松堂印刷株式会社

©2024 SYODA Tuyano　　　　　　　　Printed in Japan

ISBN978-4-7980-7129-9 C3055